人人都能成为整理师

人人都能成为

整理师

卞栎淳———

著

中国纺织出版社有限公司

内 容 提 要

本书通过实践案例和实操经验分享，结合作者十多年整理师从业和创业经验，为读者全方位介绍了整理师这一职业，在此基础上介绍了整理师如何创业以及整理行业的未来发展，从而让对本行业感兴趣的读者能够从零开始，认识整理师、走近整理师，从而成为整理师。

图书在版编目（CIP）数据

人人都能成为整理师 / 卞栎淳著 . -- 北京：中国纺织出版社有限公司，2023.7

ISBN 978-7-5229-0503-7

Ⅰ．①人… Ⅱ．①卞… Ⅲ．①家庭生活－基本知识 Ⅳ．① TS976.3

中国国家版本馆 CIP 数据核字（2023）第 063780 号

责任编辑：刘 丹　　责任校对：高 涵　　责任印制：储志伟

中国纺织出版社有限公司出版发行
地址：北京市朝阳区百子湾东里A407号楼　邮政编码：100124
销售电话：010—67004422　传真：010—87155801
http://www.c-textilep.com
中国纺织出版社天猫旗舰店
官方微博 http://weibo.com/2119887771
北京华联印刷有限公司印刷　各地新华书店经销
2023 年 7 月第 1 版第 1 次印刷
开本：880×1230　1/32　印张：6
字数：115千字　定价：58.00元

凡购本书，如有缺页、倒页、脱页，由本社图书营销中心调换

Preface | 序
整理师需要具备商业思维

国家人力资源和社会保障部 2021 年 4 月发布公示，将整理收纳师作为新职业纳入家政品类。2022 年 9 月正式发布《中华人民共和国职业分类大典》（2022 版），将整理收纳师写进了国家职业分类大典。

从国家机关和政策文件中，我们看到了整理师职业和整理业态正在逐步被官方和市场认可，同时我们也看到整理师从业者的增速也在不断加快。越来越多的人加入整理师队伍，但并不是每个人都能成为真正的整理师。那么，如何才能成为一名真正的整理师呢？我认为，很重要的一点就是需要具备商业思维。

整理师的职业从诞生时就一直被冠以"副业变现""自由职业者"等名头。所以从本质上看，从事整理师职业，就是在做个体创业，无论是借助于某品牌平台还是自主运营品牌，都是在创业。而任何形式的创业都是一种需要创业者组织经营管理，运用服务、技术、工具作业的思考、推理和判断的行为。

因此，真正的整理师并不是简简单单地掌握了整理技术，在此基础上利用闲暇时间就能获取丰厚的薪酬，而是需要在明确整理能给用户提供的价值后，系统性地去规划设计自己的商业模式，比如，怎么做市场开拓、怎么搭建产品体系、如何构建高质量的服务模式等，是一个从 0 到 1 的过程。

虽然成功的商业模式是没有固定模式可以直接复制的，但我们会发现不同行业不同领域成功的个体或企业，他们底层的商业思维逻辑会有很多共性和规律可循。同样，我们也可以从大量优秀的整理师身上获取到真正的整理师的商业思维底层逻辑，可以概括为以下几点。

清晰的愿景

我们会发现，在整理圈里，我们能快速想起或叫上名来的从来不是某个整理师或整理机构，而是他们倡导的整理理念或流派，比如断舍离、留存道、极简生活等。这里面的底层逻辑就是他们有自己明确的愿景和方向。简单来说，就是他们知道自己能带给客户的价值是什么，所以会持续不断地传递自己坚持的价值理念和整理方法。

我们都知道，用户选择整理服务的目的无疑都是要提升生活品质，构建自己的美好生活方式。但因为不同的用户的收入、家庭环境、生活理念各不同，所以对美好生活方式的定义也不尽相同。因此，整理师在创业之初要明确整理的价值和目的，其本质是给自己的业务人群做定位，因为你不可能同时满足所有客户的需求。这也是为什么不同流派的整理机构和整理师都会有自己用户的原因，因为他们用自己的价值理念对用户做了筛选。

因此，我们能看到行业里优秀的整理师都会非常清楚整理服务能给用户带来什么价值，用价值愿景长期自我驱动。在持续坚持自己价值理念的同时，知道如何用个性化的落地服务将整理价值传递给客户，从而使服务标准和服务质量持续自然迭代。

明确的变现目标和路径

在明确和清晰了整理师的价值和愿景后，我们发现很多整理师会走入一个能上不能下的误区。整理师通常坚信自己工作的价值是帮助用户改变生活方式和提高生活品质，是一件非常高尚的事情。所以，他们会坚持不懈地经营和传递自己的理念，无偿地去帮助身边需要整理的人。但坚持的时间越久，越发现自己很难向客户张口收费，从而陷入了恶性循环。

整理收纳属于生活服务领域，虽然整理师是新职业，但生活服务其实是已经存在了几百上千年的传统业务。

优秀的整理师从一开始就会想清楚变现的途径，无论是做免费沙龙还是公益整理，他们会清晰地划分出引流款服务和变现类服务，并坚定地去落地推进。

真正的整理师不会只停留在自己营造的美好愿景当中，而是用商业思维，不断地积累经验和财富，一点点地实现愿景。

尽可能地构建闭环产品体系

整理服务市场体量持续增长的一个很重要的原因是整理的业态延展性非常强，服务项目从最初的单纯叠衣收纳，到储物空间改造，再到装修前审图以及软装设计，直至现在更垂直的儿童房整理、搬家整理等衍生服务。

同时整理培训教育也从原有的职业教育形式逐步走向"家庭＋教育"形式，比如儿童整理以及上门教授收纳方法等家庭整理教育形式。收纳用品也从原来单一的物品收纳容器变得更加垂直和场景化，如首饰收纳袋、化妆品收纳盒、玩具收纳筐、衣物防尘袋、干湿植绒衣架、儿童衣架等。

整理业态延展性强，就意味着整理师的收入渠道是多样化的，而整理师作为客户与整理业务中间的纽带作用至关重要。因此，整理师如何有效地整合资源，建立适合自己的产品体系，是决定整理师核心能力的关键。

优秀的整理师通常先将整理服务作为基础业务，夯实整理服务后，再以整理服务为背书，向培训教育和收纳用品领域逐步延展。并且在延展新业务的同时尽可能地做闭环基础业务，比如既要用整理服务带动收纳用品售卖，也要设法让购买收纳用品的用户转化或复购整理服务；再比如客户对整理服务非常满意，也想从业学习，于是报了整理师的培训课程。实现闭环业务的做法是引导学习课程的学员再次选择我们的整理服务。

由此可见，整理师虽然从业门槛不高，但想要做好，就一定要具备商业思维。

卞栎淳作为中国整理行业的先行者，已经成功地打造出了自己完善的整理商业模式，这本书凝练了作者十多年的整理创业经验，涵盖了其在整理师创业过程中遇到的市场拓客、产品体系搭建、团队管理等问题的破解之法。这本书以职业整理师的第一视角，详细解析了用商业思维创业的理论和实践案例，没有晦涩的管理概念，只有实用的经验和方法，对于整理行业的新手创业者会有很大帮助。

留存道 CEO　王宪文

2023 年 1 月

目录
Contents

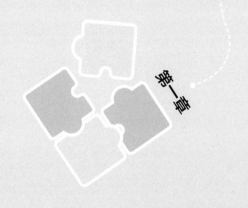

整理师
和你想的不一样

一、什么是整理师

　　整理师是一个泛职业，帮助生活定义边界。通过对物品边界和空间利用率的梳理，改善生活方式和提高工作效率，从而帮助客户提升生活品质，增加幸福感。

　　整理收纳概念最早出现在 1983 年的美国洛杉矶，当时美国大力发展以计算机和互联网为代表的信息技术，信用卡和邮购得到广泛普及，人们的消费水平迅速提升，类似当下国内的网购盛行，很多人不停地买买买，因家里堆满东西而着急上火的美国人也越来越多，杂乱的物品已经严重影响了人们的生活状态和工作效率，人们对整洁居家环境的需求越来越强烈。于是凯伦·肖瑞吉（Karen Shortridge）、玛克辛（Maxine Ordesky）和斯蒂芬妮（Stephanie Culp）等 5 位家庭主妇开始互相分享家庭收纳经验，之后共同发起成立了 APO（the Association of Professional Organizers）职业整理师协会，也就是现在的 NAPO 的前身。

　　协会成立之后，她们把高效的整理收纳方法引入金融、物流等行业里，帮助更多的人通过整理高效生活、高效工作，从而提升生活品质。

二十世纪七八十年代，随着日本经济的飞速发展，人们的物质生活充裕，日本整理收纳行业由此诞生并不断兴盛。很多人知晓日式整理收纳都是通过畅销书《断舍离》或《怦然心动的人生整理魔法》，但很少有人知道日本整理收纳真正教母级的人物是近藤典子。她累计写了 38 本与整理收纳相关的书，发行量超过 400 万册。值得一提的是，日本小学家政课的收纳教育教材也是由她编写的。

近藤典子之所以关注整理收纳行业，是因为帮她老公打理搬家公司时受到的启发。虽然搬家的打包物料和搬运都可以做到极致的标准化，但唯独有一件事做不到标准化：生活方式。日本的房屋建筑结构都很像，从一个地方搬到另外一个地方，物品可以 1∶1 还原，但生活方式很难还原。因此她写了一本《家庭收纳 1000 例》，倡导 1000 个家庭应该有 1000 种生活方式。

2010 年是中国电商高速成长的阶段，"买买买"也成为中国家庭的日常生活。随着物品的极速增量，"凌乱的环境"成为大多数家庭避不开的现象。但中国有一句谚语："一粥一饭，当思来之不易；半丝半缕，恒念物力维艰。"这句谚语体现了中华民族的传统美德，也体现了中国家庭在整理时与其他国家不同的观念。

我服务的第一个顾客是一位保留着十几年衣服不舍得丢弃的人，她认为每一件物品都承载着她成长的印记。顾客的要求就是一件物品都不淘汰，并且整理完需要找得着。为此我设立了第一次整理的目标：第一，帮顾客把东西保留下来；第二，让物品保持一个能够可持续性使用的状态。

所以，我提出了一个适合中国家庭现状的解决方案：对房子进行空间规划；对屋子进行合理布局；对柜子进行容量改造；用盒子来进行物品收纳。重新审视空间、物品与人的共生关系，从空间入手，帮助人们获得有秩序且自在的生活（图 1-1）。

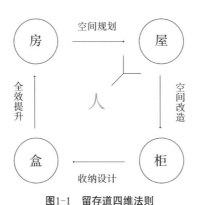

图1-1 留存道四维法则

　　至此，我提出的适合中国家庭的整理理念"留存道"诞生。我们会发现，美国整理收纳理念倡导的是生活效率和质量，日式整理在这个基础上迭代了通过生活方式的改变提升生活品质，而"留存道"的理念则是在这两者的基础上融入了更适合中国文化和生活习惯的元素。

　　留存道是什么？

　　留：即留住，留心、留意、留传，不浪费已存在的东西，合理利用，有效归纳。

　　存：即存放，安置好存放在家里的闲置之物，买来入室，即为所需，存储得当，即为所用。

　　道：即方法，将已存在的东西循道归正，寻找和创造物品新的价值和使用方法。

无论是日本整理收纳的兴盛还是国内整理行业的兴起，整理师职业诞生的本质最初是让整理收纳的定义从"房屋管理员"（House keeper）上升为"专业人士"（Professional）。帮助或陪伴个人、家庭、企业和学校，解决时间管理、家居收纳、仓储等问题，将高效率带入工作和生活中，从而提升整体生活品质，开启一种新的生活方式。

你可能会问，整理师和整理爱好者的整理结果有什么不同呢？举个例子，有时候你可能也会心血来潮，兴致大发地把房间整理一下，焕然一新让你很开心，过了三五天你发现又全乱了，你就会心灰意冷，再也懒得整理了，然后一直乱下去。这就是你整理结果的不可持续，这是一次"脆弱"的整理行动。整理完看似很整齐，但是可以轻易被打破，会复乱。即使你是强迫症患者，尽量把家里整理得干净整齐，也会很快被打回原形。

并且，当家里很乱，一时找不到想要的东西时，我们经常听到的声音就是：

我的东西去哪儿了？

你怎么不把自己的东西收好？

看你把家里弄得乱七八糟，什么都找不到！

衣服刚叠好就被你翻乱了！

……

这些指责、抱怨都是因为不会整理或者不科学的整理方法而引发的表象问题，而整理师更像是一位生活的引导员，我们通过改造家中不合理的格局，再把物品整理、收纳进适合的空间，在保证取用方便的同时，润物细无声地改善了使用者的生活习惯。当你知道物品放在哪里能让自己使用得更方便时，你就再也不会把物品乱放了。每个物品都有相应的位置，每个家人都了解自己的私人空间以及公共空间的边界，这会让家庭生活有条理、有秩序。

如今在国内，整理师的工作不局限于衣橱、厨房、书房、儿童房等家庭空间的整理，也可以为各种人群整理特殊物品，比如茶叶、手办、LO 服（洛丽塔服装）、酒、收藏品等，还可以延展到商业的仓储整理、办公空间整理，或是上升到关乎人与人之间相处的新生儿整理、亲子整理、遗物整理、情绪整理、夫妻关系整理等诸多方面，其实"万物皆可整"。当整理的底层逻辑清晰了，无论面对自己的情绪、工作、生活还是人生，我们都可以通过这样的底层逻辑游刃有余地解决问题。

通过专业知识，对储物空间进行改造，提高其利用率，限定其利用边界；通过对物品的整理，量化家庭中各类单品的最大存储数量，限定物品存储边界；顾客通过对整理好的物品的便捷使用，清晰欲望的边界，真正实现所有物品都能够"放得下、找得到、看得见、用得上、易还原"（图1-2）。

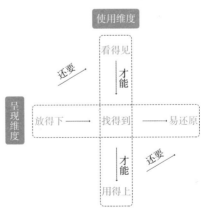

图1-2 留存道的使用维度与呈现维度

二、我能成为整理师吗

从目前来看，生活经验更为丰富的女性是整理收纳行业的主要从业者，占比约 93%。随着行业的发展，整理师职业得到了政府部门和社会的认可，也让更多的男性从理性角度思考此行业的发展价值，使得男性整理师的比例逐渐提升，占比约 7%，如图 1-3 所示。

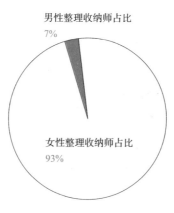

图1-3　整理师男女比例

其实，人人都可以成为整理师，像宝妈、退伍军人、对当前工作倦怠想换工作的人、想创业但又资金不足的人、想让自己的职业更有成就感、价值感的人等。整理师这一职业对于年龄、学历、性别、时间、自由度这些方面都非常友好。整理行业正在受到时间自由者的青睐，自由职业者、全职太太、个体创业者正在成为整理行业从业的主力军。因为整理师不受制于工作时间，全职太太可以更好地发挥自己的价值，在获得收入的同时也可以赢得职业的尊重。

央视新闻在解读"十四五"蓝图时，央视焦点访谈在报道职场新业时，都特别提及"整理收纳师"。2021 年 3 月，由央视新闻发起的最受欢迎的职业微博投票中，"整理收纳师"位居榜首，整理收纳师成为新时代的风口职业，已经从小众领域走向大众视野。

俪匀在成为全职妈妈之前是一名高知女性，服装设计本科毕业，一直从事一线商场的品牌招商工作，丈夫也是年入几百万的企业家，但原本幸福的婚姻生活也抵挡不住现实的琐事，婚后两人工作都很忙，家里的生活状态一团糟，因为凌乱而不断引发矛盾，结婚不到半年，两人就闹到了要离婚的地步，俪匀回到了娘家，两人开始了冷战期。也许是上天的眷顾，一个小生命的孕育，让原本即将破碎的家庭有了转机，二人暂时放下了矛盾和琐事，开始关注孩子的出生和成长。此后，俪匀做了 5 年的全职妈妈，虽然家庭矛盾频发，但是跟所有家庭一样，夫妻二人为了孩子都选择了忍耐。直到有一天，一件事情彻底让俪匀觉得天塌了。这一天她正常去接孩子放学，听见别的家长问自己孩子"你妈妈是做什么工作的"，孩子回答"我妈妈是个做饭的"。这让身为母亲的俪匀第一次有了崩溃的感觉，原本的职场精英，为了家庭放弃了事业，最终连孩子都觉得自己的妈妈终日无所事事，只会做饭。这让她有了重新开始工作的想法，但是脱离职场 5 年，很难回到以前的岗位，而家庭的琐事也让她苦恼不已。

闺蜜于芳俪为了让俪匀振作起来，给她介绍了整理收纳的课程，并陪她一起参加了整理师职业培训。闺蜜本想先让她解决眼下的问题，没想到开启了她们共同创业的新人生。

现在俪匀已经是一名资深的整理师，也是经验丰富的讲师。孩子自豪地跟朋友介绍他的妈妈是一名有"魔法"的整理师。她也应邀到各个学校去教师生们整理收纳的技巧。就这样，家庭矛盾迎刃而解，她跟丈夫的感情越来越好，在孩子心中也有了价值感。更值得高兴的是，在做整理师期间，他们夫妻二人有了生二胎的勇气，就这样，一家人因为整理师这个职业，找到了各自内心的归属。这就是整理师这个职业的魅力。

Simon（贡立旭）是我的搭档，是国内最早从事整理行业的男性整理师。他之前从事的是销售行业，我和他在一次合作中认识。在合作中我观察到 Simon 是一个特别喜欢思考的人，动手能力也很强，什么东西坏了，他都会创造出各种小"发明"，使问题迎刃而解，后来我就把他挖过来一起创业。

他说从小他就像所有男生一样，喜欢拆闹钟、拆玩具车、修遥控器……虽然很多时候都是拆了装不上，但是男生天生的好奇心，让他喜欢动手维修和改造各种小物件，在后来的上门整理服务中，他的这个爱好也被发挥得淋漓尽致。顾客家什么东西坏了，储物空间格局应该怎样改造等这些问题，他都能很快解决。即便自己不会，也能想办法向专业人士求教，最终解决问题。

最有趣的是他把自己的爱人也送来学习整理，两个人都成了出色的整理师。不过他妻子最终选择回归家庭，做了全职妈妈，但她说全职妈妈也是一个职业，也需要很多技能，夫妻之间一定要分工明确，各尽其责，缺一不可。

整理师的工作，对于性别来说，在职业中有不同的价值体现，对于女性来讲，常会被问到"如何平衡事业与家庭"，无论你是普通的职场白领，还是创业者、高层管理者、企业家乃至明星，这都是一个很难回避的问题。这其中似乎体现了社会对于女性的一些标签，"作为女人，我们就需要平衡事业与家庭"，而整理师这个职业恰好解决了这个两难的选择。

女性心思缜密，具有敏锐的观察能力，能精准地洞察顾客的潜在需求，团队协作中能更人性化地表达情感、关心同事，最重要的是动手能力极强。

对于男性来说，因为逻辑思维与女性不同，男性整理师会用理性的思维去分析利弊，从而找到最优的解决方案，可以弥补女性感性思维中的纠结感。当然，除此之外还有体力优势，在服务时会有一些爬高或者搬重物的工作，比如收纳用品的运输与安装、放置衣柜高处的百纳箱等工作，男生首当其冲。男性整理师也像是团队的主心骨，只要团队中有个男生，女性整理师们天然地觉得有安全感，两者的搭配是非常完美的组合。

　　我认为，做整理这个行业，无论对男性还是女性，最大的收获不仅仅是收入高和工作时间自由，更重要的是通过整理让每个人都能了解作为孩子、夫妻、父母在家中的职责和边界感，而从事这个职业最大的受益也是家庭，家里干净整洁，从此没有那么多的指责、抱怨、借口，也可以让孩子在有序的环境中、有爱的氛围里健康成长。

　　整理改变了整理师的家，让整理师这个群体受益，更让他们理解了爱与责任，并把这份爱与责任通过整理师职业不断地传递下去，整理师也通过整理理念，改变千千万万的家庭，让每个家庭都能够不将就地生活。

三、做整理师有学历要求吗

据 2022 年整理收纳行业"白皮书"中的数据显示，整理行业 75.25% 的职业整理师接受过高等教育，其中 43.92% 具有大学本科及以上学历，4.96% 具有硕士及以上学历，博士学历也占到了 0.23%（图 1-4）。近三年不同学历从业者的人数，如图 1-5 所示。

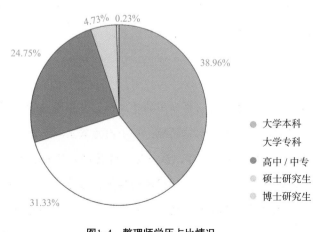

图1-4　整理师学历占比情况

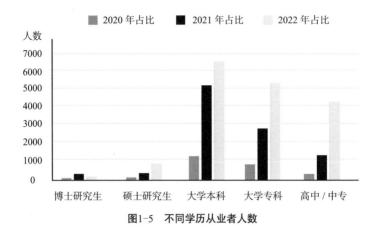

图1-5　不同学历从业者人数

高学历的优势不言而喻，因为这个职业既要具备较强的动手能力，也要具备较高的沟通能力、学习能力和认知水平，所涉及的工作范畴包含空间规划、时尚与奢侈品认知、心理学知识和营销能力等。但高学历并不是这个行业唯一的评判标准，行业内也有一些学历不高但发展得非常好的整理师。在一些行业，学历虽然很重要，但学历不是进入整理行业的绊脚石。如果你的学历已经成为既定事实，也可以通过自己的努力，在这个行业里找到自己的价值。

吕文婷，一个只有初中学历的整理师，是一个非常能吃苦、非常爱学习的人。出生在福建的她，从小因为家里孩子比较多，不得已在16岁就开始参加工作，第一份工作就进入了外贸企业，从一名跟单助理晋升到外贸公司的跟单销售员，再晋升到外贸公司主管的职位，她只用了5年的时间。面对任何事，文婷都有一种坚韧不服输的精神，用她自己的话来说，因为怕输，怕被社会淘汰，所以要更勤快、更努力。

成为整理师是因为她洞察到这个新兴行业会有更多的机会。她不懂就学，不但学习专业的整理知识，她还参加写作训练营，从不会写文章，到个人公众号开始有粉丝不断催更。为了能够得到更多人的关注，她又开始学习短视频的拍摄与制作，自己策划、写稿、拍摄、剪辑、发布一条龙，现在短视频平台也拥有了很多粉丝。随着团队不断扩大，管理能力欠缺的她又开始学习创业课程，如今她已经是一名年入百万的整理师。她在从业过程中只要发现自己有不足的地方就会去学习，她认为，时间用在哪里，哪里就有收获。这是让人最欣赏的地方。

乔小米是高学历整理师的代表。她出生在湖北荆州的一个小乡村，2010 年研究生毕业，学的是财务会计，毕业以后来到深圳发展，在一家金融平台做产品经理。7 年的大公司工作让她觉得每天的生活一成不变，压抑的工作氛围和一眼望不到头的未来，让小米想要尝试做自己喜欢的事。她尝试学习形象设计并成立了个人工作室，但在解决顾客穿衣搭配的问题上，她发现帮助顾客搭配好的衣服没几天顾客就找不到了。因为很多顾客家里凌乱得根本找不到衣服，搭配的前提是要帮顾客整理好衣柜。经过反复思考，小米决定落脚在同样可以帮助他人实现美好生活方式的整理行业。

对于高学历的一批从业者来说，大公司的工作经历养成的一些逻辑能力、思考能力会让他们在整理行业更加分，起步更快。他们的格局更开阔、思想更包容，所以他们的团队在快速裂变的情况下依然可以保持稳健的发展。在大公司的工作经验会让他们具有项目管理思维，这与整理收纳服务理念不谋而合，每一个整理服务都是一个项目的交付，如何带领团队共同成长、共同完成每一个项目，做到精准交付，以及与企业客户的对接，一些商业讲座、沙龙活动、与 B 端企业的合作等问题，过往的工作经验都可以为他们加分、赋能。

对于学历不高的整理师来说，也有非常多的优势，他们更接地气，行动更落地，对于整理实操方面会更细心、有耐心，更愿意虚心接受不同的学习和挑战，更容易把握新的机会。整理团队的管理层都是从一线整理师岗位中培养和选拔出来的，没有一线经验，无法管理好一个整理师团队，所以，对于学历不高的从业者来说，起点更稳，根基更扎实。

当我们不给自己设限，可能性就会扑面而来。如果你没能一开始就确定理想的事业，那么你可以在行动、尝试和不断适应中慢慢找寻，隐藏在你内心深处真正的动机和职业中不断探索的过程，才是最宝贵的资源。

四、整理师从业年龄有限制吗

在整理行业中，从业者年龄跨度非常大。整理收纳行业相关数据显示，2022 年是中国整理行业从业人数体量增速最快的一年，各年龄段的从业者都大幅增加，其中 26 ～ 30 岁的从业者接近 4000 人，31 ～ 40 岁的从业者已超过 1.5 万人，41 ～ 50 岁的从业者接近 8000 人。越来越多的女性趋向于在兼顾家庭的同时，追求个人事业的发展。图 1-6 和图 1-7 分别为近 3 年各年龄段从业人数和 31 ～ 50 岁新增从业人员数。

整理行业是一个新兴职业，年龄也具有相对的包容性，对于"90 后""00 后"来说，他们可以没有存款，但生活不能不精致，所以喜欢精致生活的他们，更愿意接纳整理收纳这样能够给生活带来高品质的职业，它也成为越来越多的年轻人进入行业寻找机遇的开始。

生活在深圳，出生于 1998 年的整理师何芷晴，因为从小喜欢建筑，所以大学选择了建筑设计专业，毕业后成了一名建筑设计师。

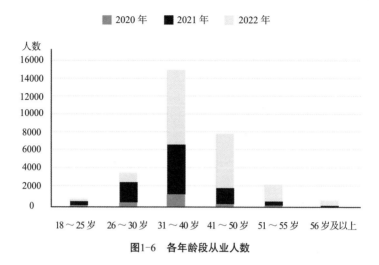

图1-6　各年龄段从业人数

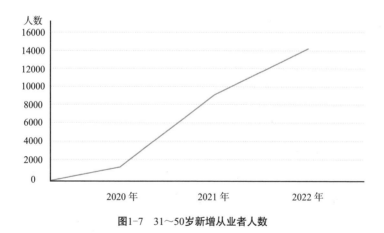

图1-7　31～50岁新增从业者人数

近几年，建筑行业熬夜通宵的加班状态磨灭了她对建筑最初的热情，她甚至曾连续工作长达26小时，但最消磨人的，还是大部分的时间都被甲方反复拿捏不定的主意而消耗掉，生物钟已经完全被打乱。芷晴说，不希望自己哪天倒下就再也醒不过来。于是她开始重新思考职业选择，偶然的机会了解了整理师课程，没想到开辟了一片新天地，就顺理成章地留在了这个行业。

"60后"的莲姐生活在北京，在整理行业又是另一种形式的存在。莲姐退休5年多，已经当姥姥了，过去从事的行业比较多，既在北京毛纺织研究所工作过，也做过物业管理项目总经理，还从事过十几年国家职业资格培训，甚至做过4年市场营运副总经理，还自己出过书。

莲姐成为整理师的首要原因是"太闲了"，一生喜欢折腾的莲姐退休以后喜欢到处旅行、交友、参加各种活动。但她怎样也找不到内心想要的成就感，她说自己过去的工作是为了生存赚钱，现在选择做整理师是因为真正的热爱。她说做了一辈子家务，没想到做家务还可以成为一种职业，这份职业不但可以帮助别人的家庭重拾生活幸福感，也可以让自己更有价值感。

生活在成都的2000年出生的整理师李林，酒店管理专业毕业。她的父母虽然不是特别会收拾家，但她自己从小就有强迫症，喜欢收拾房间，经常是自己收拾完了，父母找不到东西，总是打电话问她放在了哪里。面临毕业，李林开始焦虑，因为酒店管理专业毕业后会被分配到各大五星级酒店实习，而酒店行业是一个晋升空间非常窄的职业，需要经过很多年的历练才有晋升机会，还需要很强的业务能力和人际关系能力。李林在没毕业之前利用假期时间参加了整理师培训，结合从小的生活习惯和自身性格，她在毕业后放弃了原专业，转而成为一名整理师。

对于"90后""00后"这代年轻人来说，有价值的人生或许远比一份稳定的工作要更重要，对于这些年轻整理师来说，他们更乐于选择自己喜欢的、人际关系简单的职业，这会让他们更加自由。整理行业有良好的职业发展前景，整理师之间是相互协作关系，没有勾心斗角的内耗，可以更加专注于做自己擅长和喜欢的事情，这种工作状态是很多年轻整理师目前择业的最优选择。他们说："我们要在热爱的领域，努力地玩儿。"

无论哪个年龄层，越来越多的人选择入行，都有三个层面的意义。

职业层面

- 解决再就业问题，有良好的收入，体面的工作
- 工作时间自由
- 帮助客户完成整理后产生成就感
- 服务他人的同时治愈自己，产生自我价值感

家庭层面

- 减少因物品凌乱产生的 70% 的不良情绪，让家庭更和睦，进而解决亲子关系、夫妻关系、代际关系等家庭问题
- 优化居住体验，有效扩容空间，储物容量实现增加30%～50%
- 用专业技能带来安全健康保障，居住安全性提升 40%，给孩子一个良好的成长环境

社会层面

- 减少温室气体排放，减少废水排放，减少塑料废弃物
- 践行绿色环保的生活理念，获得可持续的生活方式
- 帮助国人改变生活态度，践行勤俭节约的传统美德

五、家政和整理师的区别

　　据 2020 年中国整理行业"白皮书"调查显示，85% 的中国人不懂空间规划，他们当中 91% 的人患有囤积症，舍不得扔衣物；83% 的人衣柜中的衣物数超过 500 件；75% 的人浪费大量储物空间（图 1-8）。要想解决这些问题，需要整理师付出 80% 的脑力劳动和 20% 的体力劳动来解决。

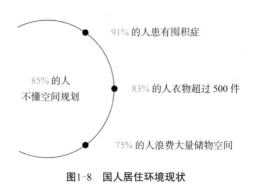

85% 的人
不懂空间规划

91% 的人患有囤积症

83% 的人衣物超过 500 件

75% 的人浪费大量储物空间

图1-8　国人居住环境现状

　　2019 ～ 2020 年，我代表中国整理收纳行业，参与了人社部

（中华人民共和国人力资源和社会保障部）关于"整理收纳师"新职业的认证申请的答辩。2022年9月28日，国家人社部正式发布《职业分类大典》，最终将整理收纳师纳入居民服务人员职业类目。同年，教育部发布《义务教育劳动课程标准（2022年版）》，并于2022年秋季学期起，将"整理与收纳"作为劳动课的任务群，纳入中小学课程体系。

"十四五"规划明确提出从发展家庭服务向品质生活服务提升。国人收入水平逐渐提高，网购越来越便利，工作节奏明显加快，生活压力更是让"买买买"成为一种解压方式，家中囤积的物品越来越多，房价也居高不下，居住空间难以承受飞速增加的物品量，这加剧了时间、空间、物品、人之间的矛盾。

用一个很直观的职业——医生做一个类比。我们整理师就像是家庭的储物空间医生。我们需要去家庭现场诊断家庭凌乱的原因，通过各种测量、规划、沟通，给出专业的"诊断报告"。我们为不合理的储物空间重新做规划、做改造，就相当于医生做手术，而收纳用品就是我们储物空间医生开的药。有了这份诊断报告，我们才能精准地制订家庭空间凌乱的"治疗方案"，而"药"怎么服用、几点服用，就如同整理收纳中衣服、袜子怎么叠、叠完怎么收纳、收纳在哪里不复乱，这些就属于剩下的20%的工作了，如果没有前面的80%，后面20%就是无效整理，如同医生不确诊病因便无法治疗是同样的道理。

杭州整理师巫小敏，在从事整理师职业之前是一个完全没有时间整理家的人，夫妻俩平时共用同一个衣柜，每天早晨起来都在为谁先挑衣服而吵架，后来她又被外派每周出差 5 天，更没时间整理，每次回到家都面临让她崩溃的场景，周末回家都要花大量休息时间整理房间，但每次出差回来依然是周而复始的凌乱。

后来她尝试请小时工来帮忙整理凌乱的家，她发现小时工的方法是把所有的物品沿着现有区域码放整齐，看上去整齐了，却打乱了她平时取用的习惯，更找不到东西，家人使用几天以后，依然打回原形。为了寻找彻底解决凌乱的办法，她走进了职业整理师的课堂，原本只想解决家庭凌乱的问题，却因为一件事情，让她想要转行做整理师，那就是家里闲置多年卖不出去的房子，她通过运用学习到的整理技能，仅花了 5000 元钱将房屋内部重新规划后，房子 3 天内便以高于原来报价 10 万元的价格卖了出去。这让她意识到，整理师为客户解决的并不单纯是效率的问题，而是生活方式的改变和生活品质的升级。

消费升级是一种现象，一般指消费结构的升级，是各类消费支出在消费总支出中的结构升级和层次提高，而整理收纳服务的诞生直接反映了消费水平和发展趋势。整理师是家庭生活服务从传统代劳型服务向智力咨询型服务的进阶，传统家政服务解决的是 20% 的体力劳动，而整理师通过 80% 的智力输出帮助用户拓展高效生活方式，是生活服务的全新业态。生活方式衍生的生活服务也是服务消费的新模式。整理师从业和提供服务的模式也非常灵活，它不仅包含整理收纳，也包括生活美学、软装陈列等相关业务，综合解决生活中所面临的各种亲密关系，如亲子关系、家庭关系等，这也是不同细分工种所呈现的价值偏差所在。

六、整理师的类型

整理师大致分为三种类型：领导型、管理型和技能型。他们不是独立的关系，是隶属关系，是团队协作关系（图1-9），不同类型的整理师所负责的工作不同，收入结构也不同。

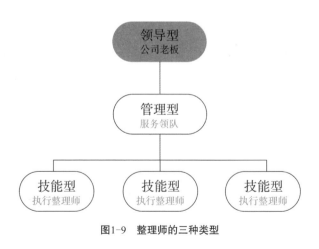

图1-9　整理师的三种类型

1. 领导型

领导是领导人心。领导型整理师在整理行业是公司老板的身份，是确定方向的人，负责找客户、做市场推广等工作。一个公司所管理的团队不止一个，需要领导型整理师制定公司管理体系，做公司化运营，整合利益相关者，激励和鼓舞下级，观察变化的趋势，指出团队应该前进的方向并描绘出美好的愿景，能够激发相关人员的积极性，带领团队组织朝着描绘的美好愿景前进。

深圳的杰子是一名年薪百万的领导型整理师，之所以收入这么高，是因为她自己不仅是一名全能整理师，还培养了一群专业技术能手团队。随着业务的发展，她把技能型整理师再培养成管理型整理师，团队内不断裂变。目前团队成员31人，其中服务部25人，包括14名管理型整理师，11名技能型整理师，可同时承接8单上门整理业务。其他部门的6人负责公司日常运营、培训、新媒体等相关业务，她自己则有更多的时间和精力去承接一些商务类型的业务，更专心地思考公司的业务和发展。

谭湘津是山东济南的一名领导型整理师，学习整理之前是一名10年全职妈妈，有两个儿子。她刚学完整理课程的时候，给自己定的月收入目标是5000元，但她第一单就接了一个别墅的整理项目，服务费是5万元。目前她在济南开设了整理工作室，承接管理型整理师全品类业务，平时有时间就多接一些订单，偶尔家里孩子生病或者老人需要照顾的时候，就少接点订单，时间自由，努力工作和照顾家庭两不误，目前年收入超过 30 万元。

2. 管理型

管理是管理事务。管理型整理师是服务团队的领队或组长，通过不断地学习或经验累积后晋升到的管理职位，主要负责做计划和执行，需要团队配合，负责整个服务项目的跟单、运营，从项目目标的制订、执行、验收，到团队组建、工作职责与行为准则等事务的管理。整理服务本身是一种多人协作的项目，绝不是一个人完成的，这需要管理型整理师制订服务目标，按照既定目标对团队组织进行管理，带领团队组织实现目标，关注计划与预算，组织及配置人员，控制过程并解决问题。

1993 年出生的石悦是一名管理型整理师。她大学毕业后找了一份传统的工作，一段时间后她发现，工作内容对她来说有些中规中矩，她希望找到一份有趣的工作。成为整理师以后，她并没有选择自己创业，她觉得一个人从 0 开始创业是需要极大勇气的，并且自己刚毕业不久，沟通能力和销售能力还很欠缺，她更愿意在一个团队中发挥自己的最大优势，努力让自己成为团队中不可或缺的一分子，通过集体力量与一群人一起努力拿到结果，所以她在留存道成都分院成了一名领队型整理师。她的日常工作以带队上门服务、做沙龙讲师、直播等工作为主，也就是在分担领导型整理师工作的同时，向下管理。这类整理师只要坚持做好本职工作，通常最终都会做到团队合伙人的位置，在单个项目上可以独当一面。

3. 技能型

技能是技术能力。技能型整理师是执行整理师，也是团队的成员，配合管理型整理师完成服务中的整理工作，有叠加技能的成员还可以兼顾负责课程助理、课程教务、公众号运营、视频拍摄、物料管理等相关的日常工作。

存美是一名兼职技能型整理师，也是两个孩子的妈妈，老大10岁，老二不满1岁，既要照顾小宝的生活，又要兼顾大宝的学习，业余时间主攻朋友圈私域宣传、在线咨询指导和销售等业务。她通过参加学习社群和朋友圈私域分享在网络上获取客源，把客源做精准分配，有需要在线指导的顾客就亲自上阵，提供在线陪伴式整理服务；有需要上门服务、学习整理、购买收纳用品、请商务讲师等工作要求的就对接给平台，在线派单系统会分配给各地相关的整理师，成交后存美会获得相应比例的推荐费，目前其职业产出年收入超过10万元。

七、整理师的收入

2019～2021 年整理行业从业者收入水平普遍增长比较快，年入百万的整理师在全国占比近 6%，超过 60% 的从业者，可以实现 10 万元以上的年收入。

2022 年新冠肺炎疫情反复频繁，造成各城市部分月份服务停摆，从业者收入水平均受到了不同程度的影响。一线城市中拥有较为成熟团队的从业者，收入依然保持较高水平，其包揽了年收入"200 万元以上""100 万元～200 万元"及"50 万元～100 万元"的高收入档位；二线城市在"20 万元～50 万元"的中高档收入档位同比提高了 11.5%，在"10 万元～20 万元"档位同比提高了 10.7%，如图 1-10 所示。

整理师这个职业的收入并不由城市规模决定，它是一个综合型职业，想要实现高收入，就一定先思考自己能够承接的业务范围，需要整理师通过不断学习，不断培养相应的业务能力和专业技能，根据个人能力范围选定可做的业务项目。

整理师并不只有上门整理服务这一项业务，也不是一个单打独斗的职业，如果一个人只做上门整理服务业务，每天人效是有限的，所以它需要团队用项目矩阵来形成集体变现。

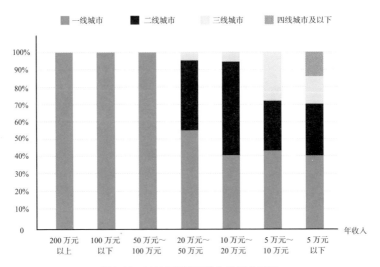

图1-10 2022年整理师收入数据分析图

部分城市收入超 50 万元的从业者，已形成教育、整理服务、收纳用品多维度的收入结构（图 1-11）。持续保持高收入水平的整理师们，都拥有比较成熟的服务团队和运营模式，无论服务环境如何受外界影响，都可以通过多维度的方式获得稳定收入。

当然也有一些没有达到收入预期的整理师，通常这类整理师会有四个明显的特点。

第一，想得多，做得少。每天会想很多种方案，想完以后觉得没有能说服自己开始的理由，通过不断假想，给自己设限，就是有想法不落地。每个想法都只停留在想的层面，不去思考如何落地执行，更不会亲自实践通过行动拿到结果。典型的"今夜思量千条路，明朝依旧卖豆腐"。

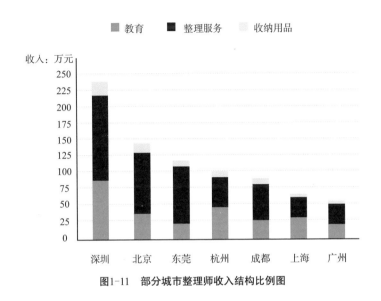

图1-11　部分城市整理师收入结构比例图

第二，有行动，不系统。从业的时候想到什么就做什么，比如今天发传单、明天拍视频、后天开直播，有服务接服务，有生源就开班，饥一顿饱一顿。只是非常努力地做了，不去总结和思考，欠缺系统的商业规划。

第三，软技术，不扎实。整理师除了动手整理物品这个基本技能外，还需要有软技术的支撑，比如沟通能力欠缺，只会埋头干活，不懂得与顾客沟通，建立关系；再如服务意识欠缺，只懂得解决表象问题，单纯地完成整理服务工作，不知道如何发掘和解决客户的潜在需求，导致客户的转介绍率低，拓新困难。

第四，不努力，没恒心。工作总是被各种理由中断，不能坚持做下去，收入自然会少。整理师需要从基础做起，从技能型整理师开始，通过不断累积提升业务能力，通过不断学习扩大业务范围，提升自我价值，找到和自己同频的人，一起去践行整理理念，一起传播美好的生活方式，从而影响更多的人。

下一章会详细列举实例，告诉大家具体怎样做，才能成为技能全面的整理师。

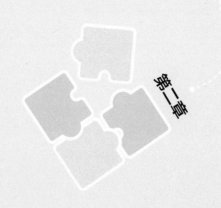

第二章

怎么才能
成为整理师

一、我要从哪里入手

学习整理之前，需要衡量一下自己的时间、精力、金钱这三方面的资源。有线上自学途径，费用较低，但比较花费时间和精力；有线下职业培训，可以节省时间和精力，学习更快更有效，但学费要比自学付出的多一些。大家可以根据自己的情况，来做相应的选择，以下几种方式供大家参考。

1. 看书自学

如果你时间和精力非常充裕又想省钱，那么可以采用自学的方式。看书，成本低，学习时间自由，这里推荐几本入门级的整理类书籍。

《收纳，给你变个大房子》：整理有 3 要素：人、空间、物品，这本书里介绍了全屋 10 个空间和行李箱的规划及衣橱整理。

《当整理师来敲门》：通过 45 个空间折叠案例，详细讲述了如何将不理想的空间格局，通过重新改造和规划，实现扩容 30% ～ 50%，给每一件物品找到属于自己的家。

《小家越住越大》：用绘画的方式，从国内的居住问题出发，给出对应的解决方案。

2. 线上看短视频学习

免费，但是周期长，知识零散，不成体系，实践的过程中会遇到很多"坑"，比如出现看似会了，一旦动手操作还是不会，只了解表面，不了解内核等问题。

3. 线上学习专业机构出品的课程

适合动手能力和学习能力强的人，性价比高，可以系统学习。推荐以下三门线上课程。

家庭空间管理术，让房子轻松扩容：这个课程可以学习到全屋收纳通用技能，适合作为收纳和整理的技能补充。

家庭空间折叠术，小房也能越住越大：这门课程性价比高，从空间的维度讲解收纳，包含四项心法、空间折叠概念，一听就会，能轻松掌握整理收纳的逻辑。

收纳大师课：这是与时尚博主黎贝卡合作的课程，视频效果和拍摄角度更唯美，主要围绕衣服、鞋子、包包、饰品、化妆品等提升女性形象的穿搭等，来讲述空间收纳的理论知识，技能方法讲解得非常详细，适合爱学习爱分享的 25 ～ 35 岁上班族女性学习。

4. 线下参加整理收纳课程的培训学习

专业的整理收纳培训平台，不仅会教你空间规划、空间管理、空间改造等知识，还会教你陈列美学、色彩搭配、环境美学、高档材质认识和保养等方面的知识，更重要的是让你学到心理学、营销技巧、团队管理、服务管理等各种自己可用来创业的技术。

培训是以真实服务（市场数据）作为依托，不是纸上谈兵，而是用大量的服务经验作为范本，课程中能听到大量不同的案例经验分析，这样可以帮助学员在上门服务的时候，应对不同情况和不同挑战。

当然，你也可以来我们"留存道整理"学习，我们有成熟的管理机制，在全国 300 多座城市都有团队，临近城市之间也会互相帮助，有导师 1 对 1 帮扶的"龙门计划"，在创业阶段不用单打独斗，会更快突破从 0 到 1 的创业难关。

各行各业都一样，想要改变，就要持续精进，需要持续学习，看到这里，有的人会感到"害怕"，觉得路径很遥远，还没有出发就觉得"很难"，他们恐惧的并不是整理师这个职业，而是对自己的不自信。对于这样一个充满挑战的新兴职业，他们既害怕又渴望，虽然知道这是一个新兴行业，但缺乏进入行业创业的信心。

世界上面对问题的方法只有两个，要么接受它，要么解决它。如果你觉得不学习整理没有关系，对生活没有影响，那就不学；如果觉得必须学习，必须改变的时候，只有选择躬身入局，选择"进入"，才能改变现状，改变自己，持续精进只能靠自己持续地学习。

二、我可以做哪些业务

整理行业并不像其他成熟产业会有完整的岗位"配置",比如很多行业都有研发、生产、售前、售中和售后,而整理行业目前为止还比较新,需要每一位整理师都能够拥有综合能力,整理师更像是生活顾问,可以做的业务非常多。

从服务板块的业务来说,分为咨询型业务和托管型业务两种业务模型。

1. 咨询型业务

为顾客提供一对一整理服务咨询,线上或线下陪伴顾客完成整理项目,这类咨询业务适合时间可支配度不高的整理师,比如宝妈群体、兼职整理师等。如果日常有孩子需要照顾,或者你已有一份稳定的工作,你可以兼职做服务时长比较短的咨询类业务、远程指导类咨询业务等。

2. 托管型业务

以项目负责人、领队或组员身份为顾客进行托管式整理服务，需要统筹运营来完成整个服务项目，全程无须顾客动手操作。这类业务适合时间充足，全职从业的整理师。一单完整的服务项目，需要连续且全日制的团队协作完成，使一个凌乱的家焕然一新。

当然，除了服务板块外，日常还可以做讲师、做销售、做家居博主等，大家可以参考图2-1。

图2-1 连锁品牌业务模型

随着业务的增加，大家会发现另外一个问题，假如你是一名整理师，又借助互联网成为一位知名整理师，随着粉丝量的增加，外地咨询的订单会随之而来。虽然本地业务接单不断，但以自己个人工作室的体量和精力完全无法承接全国业务。

其实整理收纳本身是一个服务行业，业务大多依托于本地业务，而我们却又生活在"互联网+"的时代，大部分整理收纳师都是从线上获取客户信息和线索的，最终在线下成交，将线下的商务机会与互联网结合，让互联网成为线下交易的平台，这就是O2O（Online to Offline）模式（图2-2），所以，整理行业属于O2O性质的行业。

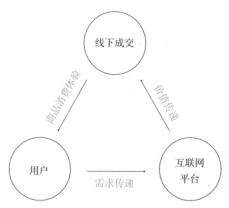

图2-2 整理行业的O2O模式

你的规模决定着你能做什么样的业务，如果你只有一个人或者是几个人的小团队，也想承接全国业务，可以依托于连锁品牌发展，以上业务不但可以同步开展，还可以做到全国资源共享，各地整理师互相推荐业务、承接业务，共同推广业务。

了解了这些，也就了解了两种模式下业务模型不同的原因。

三、整理师上门服务的流程是什么

整理师根据不同的服务业务有不同的服务流程，随着业务体系的发展和产品模块的增加，来不断完善各个体系的流程。

下面以行业内最复杂的"服务项目运营"来举例子，分为售前、售中和售后三个方面介绍整理师上门服务的流程。

1. 售前

线上接单。线上与顾客确认服务意向，收取项目诊断服务费，约定项目诊断时间。

上门诊断。现场运用"四项心法"将各空间现状进行合理诊断，诊断家庭凌乱问题的根本原因，并现场给出专业整改方案。

项目规划。现场规划项目所需方案，包括但不限于服务人数、服务时长、收费报价、所需配合等项目信息。

签约收费。现场签订服务订单，签约服务协议，收取服务费，明确服务职责与范围。

服务准备。物料采购：采购服务过程中改造或整理所需的工具及物品；任务分工：统筹上门人员，包括方案同步、人员分工、职责划分、沟通薪酬、客户禁忌等，明确上门服务纪律等准备工作。

2. 售中

上门服务。确认全部准备工作就绪后，带齐所有团队成员及所需物料，集体上门共同完成服务项目。

清空区域。清空所需整理区域的所有物品。

格局改造。改造储物空间提高存储利用率，使储物空间扩容30% ~ 50%。

物品分类。将所需整理物品详细分类，从宏观到微观，分类越细致，收纳越明晰。

整理收纳。将分好类的物品归位，一定要遵循易还原的归位原则。

美学陈列。将归位后的物品进行美学陈列，使其服务结果既具实用性，又可达到高颜值的视觉效果。

项目交接。将整理好的结果及还原方法交接给客户和其家人。

3. 售后

服务跟踪。定期跟踪顾客使用情况，及时引导归位，使其使用后不易复乱。

项目复盘。包括人员问题、操作技能、物料问题、项目营收等。

需求跟踪。有效跟进客户服务后的潜在需求，如购房、二胎、搬家等，及时给予指导和帮助。

所有的服务流程都只是表象，真正专业的服务团队需要以客户为中心，付出真心地做好每一次服务，关注每个流程背后的细节。非专业人士需要通过系统地学习，了解其真正的内核，才能做好未来的每一次服务。

四、上门服务怎么收费

目前国内整理收纳行业的收费模式大致分为两种：一种是以时间维度计费，按照小时或服务天数计量；另一种是以项目计费，以储物空间的延米数为计量单位，即按照储物柜子的横向长度计量。一个是为整理过程收费，一个是为项目结果负责，两者的发心不同，客户的体验也不同。

我在从业路上遇到了很多关于收费方面的问题，这些问题也促使我引发一系列思考，不断进行尝试与改革，最终制定了一套行之有效的收费模式方面的标准，在这里我把走过的弯路及思考过程分享给大家。

1. 制定收费模式

我的团队是以服务项目运营为收费模式，至今沿用 10 余年未变，为什么我会这样收费，其实是有原因的。

2010 年，我接到了从事整理收纳行业的第一单付费整理服务，整理一个 300 平方米的衣帽间，大约有 3 万件衣服，收费共计 10

万元。这是一个个案，很少有人会有这么大的衣帽间，所以后面接到的单子，一度不知该如何报价，为此我做过很多尝试。

第一次尝试：按照北京环线收费

当时刚来北京不久，对地理位置不太熟悉，只知道当时的房价越靠近皇城根的房子价值越高。按照对北京的这个片面认知，便开始了第一次尝试，按照环路收费，6 环为基础，5000 元一次，5 环 1 万元，4 环 1.5 万元，3 环 2 万元，2 环 2.5 万元，不考虑面积，只按照环路维度收取整理费用。大多数订单都在 3 ～ 4 环，还挺顺利，后来接到一个 6 环的衣橱整理订单，3 层半别墅，有 3 个衣帽间，历时 7 天，5 人团队，血本无归，因为距离城区太远，公交不方便，小伙伴早晚都需要集中一起打车，7 天高昂的打车费以及员工工资，最终结算后还搭进去一些钱。

第二次尝试：按照房型收费

从两室一厅到别墅，从 5000 元至 25000 元分别有相应的定价，两室一厅收费最低，大概 5000 元一次。这期间遇到一个衣橱整理客户，80 平方米小两居，里面住着一对从事艺人经纪人职业的夫妻俩，着装非常考究，家里的衣服数量也非常多，大卧室做成了衣帽间，小卧室除了一张床以外还有一个长 1.5 米的衣橱，客厅也有四排龙门架，2000 多件衣服，相当于一个近 80 平方米的衣帽间，原本 3 人 2 天内就能做完的服务，同样是 5 人做了 7 天，5000 元收入连负担员工成本都不够，这次服务再次证明这种收费模式也有问题，可复制性不强。

第三次尝试：按照时间收费

当时定价每小时 3 人 800 元。有一次，到一个客户家里做衣橱整理服务，原本估算一天 8 小时就能完成，但整理了近 7 小时发现还有很多项目没完成，后续估算至少还需要 5 个小时才能完成。发现问题后，跟客户承认了业务上的不足，时间估算失误，双方协商后，我们提出在第二天免费帮顾客把后面的工作完成。服务后顾客说：

"从整理服务结果来看，我是非常满意的，但从服务体验感来说，我非常不满意，虽然你们后面免费完成了所有工作，但是耽误了我第二天原有的安排……

"当时我就在想，如果到时间没整理完怎么办？让我加钱就超出了我的预算，不加钱给我整理一半放在这里我该怎么办？你们的服务过程让我产生了焦虑，这种体验非常不好……"

当时我何尝不是同一种感受呢？当知道在估算的时间内完不成任务的时候，我心里曾想：如果到时间了没整理完怎么办？多出的时间顾客不付费亏了怎么办？如果顾客不增加费用我们又不能撂挑子，我们该怎么办……

经过服务后的复盘总结我发现，这种收费模式会有一定的时间不可控的风险。如果整理师经验不足或者价值观偏差，就会产生非故意或故意磨洋工的现象，而这种风险由客户来承担，是对客户最大的不公平。如果想把整理工作可复制化地发展，这种收费模式无疑不是应有的选择。

第四次尝试：按照服务项目收费

无意中听到朋友聊天说高速公路建设项目招标的话题，提到高速公路的建设是规定好需要多少砂石、多少水泥、多少沥青、多少工人等，这个项目有成熟的参考标准和标尺，引发了我新一轮对整理服务收费模式的思考。一个房子当中有什么是可以量化的标尺，想到了中国家庭的毛坯房挑高是 3 米左右，最低也有 2.7 米，数据相差不多，而家庭中最高的储物空间是衣柜，最深的也是衣柜，就以衣柜为标尺，按照横向长度即延米收费，高度不足 1.2 米的柜体按照单价除以 2 计算（图 2-3），这样到顾客家测量尺寸以后，整理服务的收费是固定的。我把这样的服务定义为"整理服务项目"，以项目运营的结果作为交付，以顾客为中心，服务到满意为止，顾客只为整理项目的结果付费，磨洋工、整理师经验不足等导致的后果不需要顾客来承担。

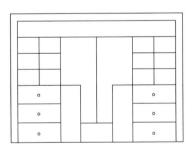

当衣柜高度＞1.2 米，柜体宽 1 米 =1 延米

当衣柜高度≤1.2 米，柜体宽 1 米 =0.5 延米

图2-3　延米示意图

2. 制定计量标准

了解整理行业的人都知道我们是按照延米长计量收费的，收费标准为 990 元 / 延米，为什么是 990 元，而不是 700 元或 500 元呢？

一个刚入行的整理师接单服务的利润很高，基本都是线上接单，线下服务，前期不需要有固定成本，仅需要时间成本和兼职人工成本，一个人带 1 ～ 2 个助理就可以完成一单服务。但随着业务的发展，需要有固定场地，就会产生房租、水电、宣传、全职人工工资等相应的固定成本。

如果你想成立一家工作室，一个领队加 1 ～ 2 个助理上门服务，每月服务排满 30 天的情况下，990 元 / 延米计量后的服务总价，仅够每月固定成本开销，等同于一个月的工作收入全部付给了第三方，对于工作室经营者来说，这是避不开的成本。这时想要盈利，就需要增加员工，增加业务，比如有两个部门，一个负责上门服务，一个负责线下培训，没有培训的时候可以两个部门同时接不同的服务项目，这样的业务组成，才能让工作室有盈利的可能。

所以，990 元 / 延米不是拍脑门想出来的，这个数据是一个精算师朋友帮我测算过的。如果你入行就低价接单，等后期成本增加想涨价的时候，那会难上加难，利润率上不去，工作室的运营就会出现严重的经营问题。

你可以很热爱整理，但商业是商业，情怀是情怀。

3. 制定付款规则

在从业过程中，还会遇到很多新的问题，比如服务项目尾款很难收回来。服务前先收定金，服务后再结算尾款是很多行业的规矩，但总会出现尾款难结、款项烂尾的现象。这让我又陷入了思考，为什么这是唯一的规矩？为什么不能打破传统？

开始从业时，我也是按定金收费，直到一个客户的出现，让我彻底觉醒，一定要打破已有的僵局。

那次也是一个衣帽间的整理服务，也是我有限的从业生涯中感到最满意的一次服务，我认为它比以往所有服务都要高出一个标准。作为 A 型处女座的我，对秩序与美的要求会更高，但当时总价 7000 元的服务费，我只收了 2000 元定金。在服务的 3 天中，男女主人不断发出惊呼，表示超出预期，每天都是满满的感谢。在我们的整理过程中，还邀请朋友、邻居来家里参观，直到第三天服务结束都是非常满意的状态。结束服务当天，因他们晚上有事，就让我第二天来做交接并结算尾款。可是第二天再次到顾客家的时候，他们的态度来了个 180 度的大转变，对服务的结果各种挑剔。我表示，我们可以服务到您满意为止，哪里不满意我们马上调整，但客户以耽误她太多时间为由，拒绝调整，主动提出扣 2000 元尾款，最终总价只结算了 5000 元。

以前也有过尾款没结回的事情，当时总以为是自己的服务有问题，直到这个客户的 180 度大变脸，让我瞬间明白了所有。当时很难过，为什么人心可以这样，为了利益可以否定别人的工作成果。

后来我听到这样一个故事：说某个国家，当年为了让百姓缴纳社保，在工资单上写了一条新规定，同意缴纳社保的人在"同意"处打钩，几个月过去了，同意缴纳社保的人寥寥无几，也不清楚为什么不同意。这时一名经济学家提出换一种方式，让不同意缴纳社保的人在"不同意"处打钩，没打钩的默认为同意缴纳社保，又几个月过去了，不同意的人被精准地筛选出来，通过这样一种方式，量化出在意选项的人，再通过政府和社区做定向沟通，很快就解决了这一全国性的难题。

这个故事让我意识到，制度不是一成不变的，如果规则制定得有问题，就必然留下漏洞。

于是我提出不收定金，只收全款，并且服务到满意为止的规则。整理师不为服务时间和过程收费，只为顾客满意的结果负责，这样在交接服务的时候，顾客与整理师之间只有结果的交接，顾客只看到结果是否满意，欣赏干净整洁的环境带来的愉悦感，不掺杂任何利益纠葛，这种满意才是真的满意。

我提出的这种服务项目运营模式、延米计价标准和全款收费的规则，在行业内十余年的服务经验中，让每位客户都很安心，顾客也觉得非常合理，是目前经市场检验行之有效的收费模式。

五、客户从哪里找

以前创业需要选个地址开个店，装修一下门面，然后进货、装点店铺，最后再挂个门头，择良辰吉日开业，因为有门面的地理位置，再做一些广告宣传，可以吸引很多走过路过的人进店光顾，最终产生成交。但是这里的每一步都需要足够的资金支持才可以进行。

在新时代的今天，整理服务也是一个创业项目，但整理师入行前期不需要租门面，除了学习专业内容的学费以外，不需要其他启动资金，属于轻创业的一种，所以 90% 的整理师第一单都是通过朋友圈成交的。他们做了哪些动作，让别人能精准地找到他们，并且信任他们，继而愿意付费把家里的整理项目交给他们负责呢？

找客户是各行各业都比较难的命题，整理行业也不例外，但服务行业有一个雷打不动的规律，那就是吸引力法则，你想吸引什么样的人，请先成为什么样的人。以我从业多年来的专业经验来看，你的第一个客户一定是自己。把自己的家当成整理从业道路上的第一个客户，以客户的视角、以服务客户的标准来整理自己的家。

寻找客户第一步：服务好自己

很多初学者容易忽略这个过程，其实这个过程非常重要，把自己的家当成客户的过程可以开启另外一个视角，我们会发现，在这个过程中累积的经验、家人间的关怀、每个人愿意为家改变的意愿等，把自己成为客户的体验感记在心里，动线是否合理、使用是否习惯、家人是否接受、结果是否可持续等，所有这些都是成为职业整理师过程中的经验累积。

以客户视角观察使用结果，便可知道自己的服务结果是否有价值，一定要以自己服务的结果结合自身收费标准，以商业视角判断客户的满意度。这是你未来所有通往商业经验的第一步。如果你服务自己的结果让你并没有产生价值对等的感受，那你就需要提高自己的专业能力，提升自己的综合能力。

这个过程可以让我们能够从一个比较清晰的角度看事实的本身，认知到自己专业能力是否有价值，它能够与真相和谐相处，一旦学会换位思考，我们就能够自由地与自己、与别人、与凌乱的环境、与人生中的种种状况建立关系。提升觉知力、判断力，让曾经内心思考的"结果"变成可视化的结果，让内心的"不确定"变成现实中的笃定，这时到底是你的服务结果没有价值还是顾客不愿意付费，问题就非常清晰了，用理智的思维去改变自己，去影响他人，才能得到客户的认可。

《礼记·大学》中说，"修身，齐家，治国，平天下"。简单来说，整理好自己的生活，让家舒适和睦，才有可能施展更多的抱负，去帮助更多的人和更多的家庭。

寻找客户第二步：不花钱开一家店

很多女生心中都有一个开一家店的梦想，如咖啡店、宠物店、服装店、蛋糕店、花店等，一切与美好事物相关的生意，女生或多或少都梦想过，其实整理师的生活和工作远比开一家单一的店更丰富多彩，我们有比其他职业更多的精神体验。那如何不花钱来开一家属于自己的店呢？

这个店就是我们的朋友圈，从你打算做整理师开始，你的朋友圈便不再是私人领地，而是你的店铺，朋友圈的头图就是你的门头，朋友圈中陈列的产品就是你每天发送的内容，因为每个有意向的客户加到你微信的时候，第一时间可能不会与你对话，但一定会先去翻看你的朋友圈，看看你"陈列的产品"是否是他需要的，再来决定是否与你对话。所以这个不用花钱就能开起来的店铺特别重要。图2-4为在朋友圈开店的步骤。

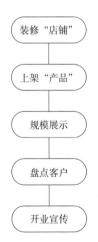

图2-4　在朋友圈开店的步骤

装修"店铺"：找个平面设计师，设计一张朋友圈头图，将自己的形象照、头衔和业务范围通过一张图片展示出来。

上架"产品"：把整理自己家的过程，生活的点滴，以60%与业务相关，30%与个人生活相关，10%与行业相关的比例，快速上架到自己的朋友圈，用心展示自己的业务和生活，让客户看到你除了工作以外，还是一个热爱生活的人，增加信任背书。

规模展示：这里指所上架的"产品"数量，就是每天发送朋友圈的数量，至少日更3～5条，才能保证顾客看到你的朋友圈时，能从中收获到自己想要的信息，规模以量取胜，否则上来就看到你的朋友圈没有几条与业务相关的信息，就不会产生基础信任。

盘点客户：将朋友圈已有好友进行盘点，找出可以帮你转发朋友圈宣传的人，可以谈合作的人，可以消费服务的人，想要学习整理的人等，进行详细分类，便于后期靶向沟通，精准营销。

开业宣传：拜托可以帮你发朋友圈的人帮你宣传，一个人的力量有限，一群人的力量无穷。你的朋友圈有可能没有客户，但你朋友的朋友圈一定会有。通过朋友们将你想传递的信息转发，就可以辐射更多的人认识你、链接你，积累原始用户量，再慢慢通过朋友圈内容分享进行吸引，直至成交。

寻找客户第三步：建立个人品牌

不只是企业需要品牌，产品需要品牌，个人也需要建立自己的品牌。个人品牌不是商业品牌，个人品牌是指个人拥有的外在形象和内在涵养所传递的独特、鲜明、确定、易被感知的信息集合体，能够展现足以引起群体消费认知或消费模式改变的力量，具有整体性、长期性、稳定性的特性。

村东头有个二大妈，每天坐在村口的石墩上和村里来来往往的人聊天，闲着无聊的人会驻足一会儿，一起聊着东家长、李家短的琐事，村里的事没有二大妈不知道的……

村西头有个铁匠，兢兢业业，勤勤恳恳，不说闲话就闷头干活，打出的铁器结实又耐用，十里八村都来找他打铁器。

如果你是一个卖化肥的，想在村里找个人帮忙传播化肥的好处，你会去找谁？如果你想打一个铁器，你会去找谁？二大妈和铁匠所传递的个人品牌价值是什么？

二大妈胜在传播能力强，铁匠则是可靠的手艺人。

二大妈和铁匠的个人品牌都值得我们学习。作为一名整理师，你的意识需要优先进入觉醒状态，在市场面前，如何让客户能够看到我们？如何获得客户的信任？说白了，你生活的样子，你外在传递的样子就是别人选择是否信任你的样子。作为传播能力强的整理师，我们要学习二大妈的洞察力和行动力，作为服务行业从业者的整理师，我们要学习铁匠的匠人精神。总之，我们不但要学会宣传，同时也要让自己的业务能力足够精湛。

寻找客户第四步：打造个人 IP

打造个人IP是为了让更多同频的人认识你。那么，什么是个人IP？

IP不是流量，而是商业变现的能力，你人生的每段旅程都像是在耕耘，其因果关系就像种瓜得瓜，种豆得豆，你所学到过的知识、你所拥有的技能以及你人生的种种经历汇集在一起，形成一种怎样的品格及个性，这些都是你的IP所呈现给他人的样子，它是你职业路上的护城河。作为整理师，你可以把自己当成最好的"产品"去打造，要爱惜自己的羽毛，传递自己的价值观。

打造个人IP，你至少需要做到以下几点。

第一，视觉锤。认识我的人都知道，我是短发，喜欢在头上戴各种装饰物，比如帽子、发带、头巾，还喜欢夸张的配饰以及造型独特的服装。因为从小就有一半的白头发，所以索性把头发染成了灰白色或者经常变换发色，这就使每个见过我的人，无论是见本人还是视频或图片，都能给他们留下一个特殊的印象，再加上整理师的职业标签，就会更容易被人记住。因为我的形象与传统认知的整理师朴素的形象形成了强烈的反差，在粉丝脑子里就形成了一个固定的视觉印象。

第二，语言钉。也就是想到一句话就能想到你，这句话可以是一句口头禅，或特意包装的一句话，也可以代表你想表达的主张。有一些博主，在拍摄短视频的开头或结尾会说一句固定的话，提到这句话大家就知道是谁了，这就是语言钉。也可以用家乡方言来表达自己的个性，比如我在所有场合都提倡"留存道是一种不将就的生活态度"，"留存道"和"不将就"是我希望通过语言表达的主张，希望大家对待物品、生活、人生都要留存有道，并且都不将就。

第三，人格墙。一个有效的IP需要是一个真实的个体，是有脾气、有温度、有感情、有观点，有血有肉，活生生的一个个体。比如你喜欢一个偶像，一定不只是单纯地因为他美丽或帅气，而更多的是因为他日常的作品、生活的方式、传递的价值，这样一个综合体才值得你的喜爱，这就是人格魅力的多元化，也正是这种多元化，造就了一个有效的人格墙。

第四，信任状。这让我想到了理发店的"Tony"（托尼）老师，他们本身的技术价值也是个人 IP 的一部分。假如 Tony 老师在 A 理发店工作，你会经常去 A 理发店消费，而 Tony 老师跳槽到 B 理发店，你也会跟着 Tony 老师继续去 B 理发店消费。这份信任就是服务行业不可逾越的专业价值壁垒。如果客户选择你作为他的整理师，你一定要思考为什么会是你，你能帮他解决哪些别人解决不了或不满意的问题，为什么从你这里能得到他想要的结果。想清楚这几个为什么，就是信任状。

你是谁？

你在做什么？

与同城整理师比，你有什么不同？

同城整理师中，顾客一想到相关事情，脑海中就会出现你的形象吗？

你所传递的价值观可以给他人带来正向的影响吗？ ｝ 长期坚持的结果

这种正向的影响可以为你持续地带来业务和合作者吗？

从业初期的整理师，以上问题希望你能深度思考。首先为自己做价值定位，你想服务高端客户、中端客户，还是低端客户；你想走大众路线，还是高端路线，这直接决定着你收入的高低。如果你想吸引高端客户群，那么你所呈现出来的整体品质感就非常重要：你的着装品质、你的生活品质、你的语言组织能力、你的人格价值、你的信任价值，这些都是你所传递价值的综合体现。你这个人本身就是建立客户信任的基础。当然，所有这些不能是假的，不能单纯靠包装，必须是真实的。

其次，为什么是与同城整理师相比较，因为整理收纳服务是一项本地业务，竞品不是全国各地的整理师，而是你同城的整理师，因为你们的准客户都在一个城市中。如何吸引同城的客户选择你而非别人，就是你们 IP 差异化需要解决的问题，要根据你所思考的产品结构，你所定义的目标客户群来决定你打造什么样的IP。

最后就是建立自己的认知体系和价值体系，打造自己独有的IP 价值，坚持持续、不断地尝试，才能在未来的从业道路上与认可你价值观的客户持续产生链接，这也是你在整理行业的门槛，你的门槛越高，竞争对手就越少，在同行业中做到人无我有，人有我优。如果暂时没有办法打造一个 IP 的综合体，那么你首先要建立信任状，诚信，是通向成功的基石。

竞争对手从来都不是别人，而是你自己，就业门槛也一样，由你来决定。

六、怎么成为一名整理讲师

1. "讲师的四大心态素养"方法论

1999 年的夏天，当时还是学生的我，因为观摩老师的课外业余舞蹈培训课，成为一名舞蹈班的助教老师，那一年我 18 岁。起因是我们几个同学被老师邀请去观摩学习，而我看到老师一个人教近 30 个小朋友跳舞，就主动帮助老师数节拍、放音乐、默默纠正小朋友的动作、下课帮小朋友换衣服……做了一些其他同学觉得不应该我做的事儿。同学们说我"爱表现""多管闲事儿"，老师却评价我"眼睛里有活儿"。因为这件事，我成了一名老师，到今天已经 24 年了。在这 24 年的执教生涯中，我总结了"讲师的四大心态素养"方法论，分享给大家。

（1）自信，像演员一样

每位老师都有第一次登上讲台的时候，会很害怕，也很紧张。我的方法是每当上台之前，把自己当成一名演员，在心里给自己默默地打板（电影场记板），对自己说一句 ACTION（开始）。想象自己是一名演员，饰演一位"讲师"（老师）的角色，课堂教案就是剧本，讲台就是舞台。

一名好的演员不会拒绝尝试各种角色，无论是正派的还是反派的，而一名好的老师，也不会挑剔学员和授课场景。当我们把当下的讲师身份想象成演员与角色的关系的时候，就完成了"间离效果"（参考《收纳，给你变个大房子》），又叫陌生化效果。大概意思就是把人们所熟悉的事物陌生化，然后再重新熟悉。

"间离效果"这个术语来自 20 世纪伟大的戏剧家布莱希特。他认为，观众、演员和戏剧之间必须保持一定的距离，演员和观众能够体会到剧情和角色，但是又绝不会被剧情和角色迷惑，产生身临其境的幻觉。保证观众和演员都是清醒的，他们比角色要高，才能够对剧情和角色始终保持冷静，进行理智的批判，从而对生活进行清醒的认识和反思。

作为讲师，同样的道理，当你把自己的身份"间离"出来，就可以理智地看待一场讲座的整体性，而不仅仅关注当下害怕的感受、恐惧出错的心理和内心的不自信。

（2）细节，像福尔摩斯一样

就像 24 年前的我，在观摩时看到了老师的需求，并帮其解决一样，运用在整理师的职业中，我们就要像福尔摩斯一样洞察客户家的每一种生活方式和整理需求，讲师也同样适用。比如，讲课时不要只关注自己 PPT 的内容，也不要只盯着一个方向看，要做到眼观六路，耳听八方，关注每一名学员，洞察他们的每一个动作、每一个眼神、每一个表情，这里蕴藏着他们作为信息接收者的需求。

讲课的过程中，有人打瞌睡、有人看手机、有人窃窃私语，这一定不是学员的问题，是老师的问题。要通过随时观察细节，调整自己的讲课形式和表达方式，让授课现场的每一位学员都能感受到变化，从而回到学习状态并有所收获，这才是一名讲师的价值。

就像侦探破案的时候不能因为没有证据就放弃寻找真相一样，讲师演讲的时候也需要通过洞察细节，寻找知识传播的最佳方式。

（3）积极，像最后一次演讲一样

熟知我的人都知道我身体不好，经历过很多次绝望的体验，所以我告诉自己，把每一天都当成最后一天来热爱。

做讲师也一样，如果某甲方公司邀请你做一场整理讲座，而你连服务经验都没有就接了这样的活动，首先，零收入是肯定的，其次，你的发心一定是把这场讲座当成试验田，当你把客户当成小白鼠的时候，至少在这家公司，你的演讲就是最后一次。

大量的服务经验就如同英语单词一样，当你的词汇量匮乏的时候，很难完整地读出一篇文章；当你的服务经验丰富以后，授课现场的理论基础、服务解析、现场互动就如同自在地分享你的日常。所以，没有经验，何谈演讲。

讲师是知识的传播者，需要不断累积经验并进行整合，包括曾学到的内容、曾累积的服务经验等，从一名整理师逐渐向整理讲师晋级，形成自己的整理思维，传道授业，把每一次演讲都当成最后一次来认真对待，珍惜每一次演讲的机会，用实际行动去影响更多的人。

（4）创新，像乔布斯一样

2011年10月，史蒂夫·乔布斯辞世，一代传奇人物与创造者从此陨落人间，但他诠释的创新精神、坚韧精神，永远留存在这个世界，值得后人学习。在乔布斯的创新定义里，创造性地使用别人的成果也是一种创新，找到一种完美的体验也是一种创新。

收拾屋子，从古至今很多人都会，但我把它变成了一种职业，创造性地总结了收拾屋子的特点和精髓，创立了一套属于自己的方法体系，形成了今天的中式整理收纳标准，比如：衣服能挂不叠、空间规划、空间改造、延米计量标准、植绒衣架、百纳箱、纸质抽屉分隔盒等整理师都懂的术语。此外，还有很多人好奇留存道的课程体系为什么会广受欢迎，表面上大家看到的只是整理师培训这项业务，但背后却是我24年的执教经验和演讲经验。

今天的整理师们，希望大家能够明白，创新不是只有从0到1，你也可以站在经验的肩膀上，快速地经过从0到1，再从1开始向上创新。不要把时间和精力浪费在别人已经做得很好的事情上，你可以去学习，去交流，去探讨，在经验之上引发思考。

2. 整理行业的讲师分类

我把整理行业的讲师分为四种类型：服务型讲师、培训型讲师、教育型讲师、商业型讲师。当然四种类型的讲师也可以同时在同一名讲师的专业中体现，经验越多，涉猎越全面。

（1）服务型讲师

①服务咨询类的客户，为客户一对一讲解关于整理收纳的方法，提供专业咨询。从业需要经过初级技能类或以上级别课程毕业。

②服务企业或社群沙龙讲座，为各中小型企业或其他社群提供与整理收纳相关，一对多形式的讲师服务。从业者需要经过初级技

能类或以上级别课程毕业，学过整理讲师授课技巧类课程的讲师经验会更丰富。

（2）培训型讲师

为整理爱好者提供自我整理类课程培训，教授家庭主妇群体、整理爱好者群体相关的整理收纳技巧，满足其达到自我动手把家整理干净整洁的诉求。从业者需要经过服务项目运营类课程或以上课程毕业，并具有半年以上的一线服务经验。

（3）教育型讲师

为整理行业提供职业教育知识输出，培养行业从业者，这类讲师需要有足够的一线服务从业经验，辨别教育型讲师是否胜任的主要衡量标准就是上门服务经验是否丰富，上门服务经验越丰富的讲师，授课越有经验。从业者需要经过服务项目运营类课程或以上课程学习，一年以上的一线服务经验，完成至少5场沙龙讲座，每场次不少于15人。

（4）商业型讲师

承接品牌商务讲座、技术代言、产品广告、产品直播等相关业务，从整理收纳视角为各品牌提供专业技术支持与IP形象支持，这类商务活动需要讲师拥有相当丰富的从业经验、超强的应变能力、敏锐的商业洞察能力以及良好的外在形象和语言表达能力，这类综合型讲师才可以帮助各品牌达到所预期的合作结果，从业者至少需要2年以上的一线服务经验，并具备丰富的教学经验，且课程满意度在90%以上。

七、如何形成自己的方法论

做讲师是一种方法论沉淀。方法论，就是用来解决某种问题的有效方法，是标准化的，可被学习，可被复制的成熟方法。不要觉得这个词很高大上，离你很远，只有很牛的人才能提炼方法论，这个思想是错误的。我们需要做的是从我们能做的开始，并不是要求沉淀远超你能力范围的方法论，而是将你现在的方法进行更新迭代。比如你进入整理行业，把从 0 到 1 的过程提炼出有效的、可参考的方法，使得另外一个入行者通过使用你的方法也实现了从 0 到 1，这就可以称作你自己的方法论；如果再努力从 1 走到 10，不断地提炼，就可以拥有更多属于你自己的方法论。

留存道深圳分院院长杰子和深圳分院 OD（运营总监）乔小米，在从业过程中发现越来越多的客户选择搬完家的时候请整理师上门整理。当时整理行业并没有搬家整理服务项目，考虑到旧家的打包也尤为重要，她们提炼出从旧家打包、物品运输、新家还原整理的方法，涉及工具、流程、细节等多个方面，结合全国留存道学院的整理师在搬家整理中遇到的问题，她们沉淀了搬家整理的方法论，并教授给更多的整理师，为整理行业开辟了搬家整理的新业务线，促进了行业的发展。

方法论也是我们尝试独立思考解决问题的能力，小问题是形成大问题的基石，尤其是关于"执行"的问题，任何一个商业模式都离不开执行效率，但很多整理师却不太关心提升效率的方法。比如，在工作中，你做的表格更清晰，你做 PPT 又快又好，你有克服演讲紧张的好方法；再如，生活中，你系鞋带的方法又快又好看，你的化妆手法不卡粉，你拍的照片显腿长等，这些小技巧都属于方法论。

在知识体系当中，有些方法论是通用的，大家都一样，另一部分属于我们原创的，属于我们的经验和思考沉淀总结出来的方法论，这部分才是最重要的，也是我们在行业竞争中的优势壁垒所在。

留存道空间管理就是一种新的方法论，以新视角提出一种立体化的洞见。我们以前的思考模式是整个家的某一部分，现在我们仿佛可以看到家空间里的人是流动的，物品是被使用的，每间屋子在人与物的流动中产生爱与包容。我们的视角看到的不再是点，也不是单纯的面，更不是线性思维，我们需要更多的融合力和包容力。而空间管理的宏观视角会让我们有更宏观的体悟，会拓宽我们的思想，使我们在家空间里的所有问题都能够迎刃而解，这种思想的改变就像存款的复利一样，像螺旋一样形成思维的巨变。

这种多维立体化的思考方式，让我们能够理性面对问题，层层解决问题。在这个过程中我们将会感受到痛苦的解除、自由的快乐、冲突的化解带来的勇气。它会使我们更容易面对未来的危机或难题，这是一种能力。那些运用留存道空间管理思维解决问题的人，思想会更活跃、思维会更有层次感、工作更富有创造性等。因为他们通过这样的立体思维，更清晰每个纬度所面对的问题，不迷茫、不恐惧、不逃避、不盲从，有的放矢地解决问题，从而可以更从容地面对生活。

方法论沉淀就是如何从学习输入到提炼成方法论输出的结果。种一棵树最好的时间是十年前，其次是现在。我相信通过前面的内容，大家对自己的思想以及对整理行业已经有了重新的认知，已经开启新的思维模式。这种思维模式是可复制的，用它处理生活的其他事物也是行之有效的。未来，大家都可以通过自己思维的转变，形成自己的思考，最终沉淀为属于自己的方法论。

八、从0开始需要了解的底层逻辑

　　我和我的团队共培养了几万名整理收纳师，学员遍布世界各地，也影响了很多整理爱好者。无论你是出于什么目的学习整理，我们必须要清楚，家不是一个人的家，生活节奏越来越快，压力越来越大，不能一直聚焦在只解决表象的收纳问题，这会陷入无尽循环的无效收纳上。我们只要懂得，所有人、事、物的冲突、矛盾、悲喜难分的感情，这一切都是因为我们的行为、物品以及思想没有边界感造成的，问题就很好解决了。

　　通过多年的经验，这里总结出一套可以在家自学的底层逻辑方法论，我称之为"留存道立体思维法则"，理解了它，就可以让你的家和你的思想焕然一新。这套方法也可以作为大家未来给整理收纳爱好者做沙龙活动或者做收纳讲座的逻辑参考。一套好的方法论，可以为不同的人，在相同的诉求上，提供一种通用且行之有效的落地方案。

1. 建立全貌，感知留存道立体思维模式带来的质的变化

生活是立体的，家的空间也是多维的、立体的，正如立体的房子承载着生活的物品以及使用物品的人。解决凌乱问题的矛盾，不能单一地看成如何控制人的欲望、如何取舍物品，而是要宏观地看到这个空间立体的、有限的房子里的各个维度间的关系。把家的空间整体问题"分层"，就很容易找到凌乱问题症结的根本。

比如，家庭凌乱的发生地是家，家就是一个整体，人、物品以及家的空间是随着时间的推移相互连结的，并不是独立的个体，所以用独立的个体思维解决问题，就缺乏了客观的领悟与洞察（图2-5）。

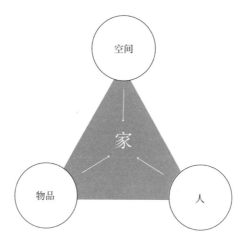

图2-5 空间、物品、人与家的关系图

家庭的交流建立在同频认知的基础上，一个人要先知道黄色加少量的红色会变成橙色，你才能向他说明橙色是怎么来的。如果一

个人从来不曾看过红色，你就无法向他说明红色，就如同整理收纳在中国的普及，毕竟还有很多人没有科学地整理过自己的物品，更没有感知到整洁的环境带来的愉悦感，他们就会天然地觉得整理后还会复乱。

"留存道"理念的普及也遇到过同样的问题。

整理师的成长历程，用"道"的层面来说明就是入道、问道、悟道、得道的过程。

入道：大家刚接触整理，全网搜寻整理方法，是寻找学习之道的过程。

问道：是你走进整理收纳线下课堂，进入整理师专业课程学习的过程。

悟道：是你毕业后完成自我整理，开始上门服务后，感悟有效整理落地实践的过程。

得道：即是你的收获。是经济收入，是给孩子提供一个良好的家庭成长环境，是借由整理明晰怎样才能成为更好的自己，是关爱他人那份利他的诚心，是用一种不将就的态度，改变一代中国家庭的成就感和价值感，是为环保事业贡献一份力量的使命感，是传承中国整理文化那一颗鲜红的心。

我们将带领越来越多的整理师进入行业内，共同找寻一种同频的感知，去影响更多的家庭。同时，整理服务也是个双向治愈的过程，在服务别人的同时，也在治愈自己、成就自己、让自己拥有价值感，通过自己的努力影响着一个又一个家庭，用一种不将就的生活方式去改变一代中国家庭的生活方式，这是一件平凡而伟大的事情。

之所以平凡，是因为每个家庭都需要，之所以伟大，是因为我们肩负更高的使命。教育不能只依赖义务教育，我们每个人都有责任，每次整理一个家，影响的却是家里的所有人，只要改变了我们自己，我们的下一代就会随之改变。

都说不能让孩子输在起跑线上，可真正的起跑线并不是内卷的攀比，而是我们的生活环境和生活方式，良好的秩序感才是孩子最好的起跑线，这种行为习惯也是一种可传承的中国文化，这就是整理师肩负的伟大使命，也是想要成为整理师之前，你必须建立的立体式的全貌认知。

2. 留存道立体思维法则方法论

留存道立体思维法则方法论（图 2-6），最重要的是建立家庭价值观，包括爱与包容。

思考家庭价值观，如"我爱每一位家庭成员"，以不指责、不抱怨、不找借口，好好说话为前提，以"爱他人"为标尺来衡量想要达到的方式及结果，每一位家庭成员都应以此价值观为底线。

定期举办家庭会议，以爱与包容为主体，以认可他人、自省、批评与自我批评等不同主题展开家庭讨论。

建议时长一小时，以此共同维护家的和谐秩序。

第一层第一部分：居住空间

思考已有的环境，盘点在有限面积的房子里，平时忽略的有哪些，力所能及地量化可改善生活品质的范畴，不只停留在精神口号或思想层面。

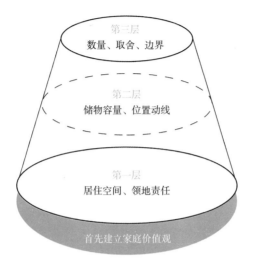

第三层
数量、取舍、边界

第二层
储物容量、位置动线

第一层
居住空间、领地责任

首先建立家庭价值观

图2-6　留存道立体思维法则

①写出房屋面积。

②拟定居住年限。

③写出现居住人数。

④列出有几间屋子。

⑤列出每间屋子的功能，干啥、有啥、谁用、怎么用（表 2-1、表 2-2）。

⑥列出当下每间屋子利用率不高的空间或区域，如 365 天内只有亲戚住 5 天、剩余 360 天闲置的次卧；常年用来堆杂物的书房等。

⑦列出未来可能产生的居住人数、使用功能变化，按照 1～5 年分别列举；3 年以上是否可以考虑优先满足近 2 年的生活必需，临近变化再进行调整。

表 2-1 房间功能量化需求表

功能定位 （干啥）					
物品盘点 （有啥）					
使用习惯 （谁用）					
使用频次 （怎么用）					

表 2-2 房间功能量化示例

功能定位 （干啥）	会客	看电视	用餐	健身	亲子 阅读	孩子 玩耍	储物		
物品盘点 （有啥）	茶杯 茶具	电视、 音响耳 机、3D 眼镜等	餐具、 保健品	健身 器材	绘本	玩具	药品	电池、 接线板 等	家政用 品替换 装
使用习惯 （谁用）	客人	全家人	全家人	老公	亲子	孩子	成人	全家人	全家人、 阿姨
使用频次 （怎么用）	每年 $1 \sim 2$ 次	每天 1次	每天 $1 \sim 2$ 次	每天 1次	每天 $1 \sim 2$ 次	每天 n次	每年 $3 \sim 4$ 次	每月 $1 \sim 2$ 次	每月 $1 \sim 2$次

⑧列出未能满足的功能是否可"折叠"在其他区域，如没有儿童房，孩子需要有独立玩具收纳区，可将此区域折叠在客厅空间。

⑨列出目前家里紧迫且重要的、急切想改善的环境或想要增加的功能（$3 \sim 5$条）。

⑩根据上一条的需求规划可支配的最高预算，如果预算低，需要精简上一条的需求。

第一层第二部分：领地责任

思考每个房间的主人，建立家庭空间每个人的领地责任意识；将规划后的功能区进行领地划分，每个家庭空间的成员都需要为自己的领地及所拥有的物品负责，做自己的主人，如厨房、书房等公共区域的物品，以使用者来划分领地，使其成为物品责任人。

①以房间的维度分配领地的主人。

②以房间功能或使用者分配责任人，以谁使用最多或谁的物品最多为依据，如厨房，奶奶下厨最多，责任人即为奶奶。

③将"折叠"在公共区域的功能区划分主人，如"折叠"在客厅的儿童玩具柜，此柜及里面的物品归属于孩子本人，孩子需为此区域负责；客厅公共区域责任人负责监督环境，但不为玩具区物品负责。

④充分思考物品存放领地，不可遗漏，如有遗漏或有新品，参考以上逻辑再分配。

⑤以空间的维度分配责任人，如玄关，全家人共用区域，按物品数量和身高分配柜门或层数，公共区域约定共同保持。

第二层第一部分：储物容量

思考各单品的储物空间容量及最高可容纳的单品数量；帮助物品找到固定的位置时，如容量不够，使用"留存道空间管理法则之四项心法"进行扩容，操作如下。

①各区域主人或责任人需独立思考自己责任空间内存储空间容量是否能够满足当下物品的储物需求，如未满足，参考以下四项

心法进行规划（留存道四项心法分析表格及其示例见后文表2-3、表2-4），如个人未能独立完成规划，可委托其他家庭成员帮助规划，切记用人不疑，疑人不用，尊重他人的劳动成果，自己不动手就不要挑剔，否则就自己来。

心法一：柜体加减法。即原有柜子容量过小或没有，采用增加或替换原有储物柜进行扩容。

心法二：层板加减法。即已有柜子面积够大，但内部层板间距不合理导致使用容量浪费，采用调整层板间距的方法进行扩容。

心法三：五金配件加减法。即已有柜子内的五金配件利用率不高，导致容量浪费，采取加减五金配件，改善内部格局进行扩容。

心法四：收纳用品加减法。即除柜体扩容外，可选择超薄植绒衣架、收纳盒等工具进行扩容。

②根据四项心法表格结果，动手改造储物空间。

③根据改造后的空间布局，规划所需收纳用品数量。

④四项心法操作可以参考《当整理师来敲门》系列书籍，内附45个家庭的四项心法应用及40例亲子整理方法供参考。

第二层第二部分：位置动线

思考物品收纳方法，以物品方便取用、易还原为底线原则，分类收纳换季物品及应季物品。

①负责人将同一区域的物品清空集中于同一空地，比如将厨房所有物品集中在客厅地面。

②按照类别进行逐一分类，如锅具、碗碟、筷子刀叉、调料、

干货、米面油等；药品、指甲剪等家庭公用物品建议规划在家庭公共区域。

③根据各单品数量，分别收纳在规划好的收纳盒内。

④将收纳盒摆放至改造后的储物空间内。

　　收纳原则一：同类物品集中收纳；

　　收纳原则二：根据使用频次划分物品位置，通常分为高频区、中频区、低频区；

　　收纳原则三：常用物品放置在黄金区域，平视及向下45度角内（黄金区域等于高频区）；

　　收纳原则四：结合使用场景，就近收纳，如炉灶附近放锅具、烹饪工具、调料；

　　收纳原则五：可视化收纳易还原。

⑤将摆放好的收纳盒贴好标签。

⑥日常使用的物品需从哪里拿放回哪里去。

⑦周期性调整常用物品的位置及数量，如原有两个大号收纳盒收纳面膜，使用完一盒面膜后可将空余收纳盒收纳其他物品或即时补仓。

第三层：数量、取舍、边界

通过对以上二层各部分的思考，最终落地在物品的存储数量、取舍原则以及容量边界这三点上。

①将所有物品收纳好后，盘点所有单品的大概数量，此数量即为单品的容量边界。谨记：超出边界会打回原形，前面的所有努力都将功亏一篑。

②此后生活中同类物品已有的无需再重复购买。

③没有的物品按需购买。

④超出容量边界的、曾经买错的，根据储物空间容量和喜好程度决定保留或舍弃。

- 储物空间够大可暂时留存，将其中喜欢的、常用的陈列展示；不喜欢、不常用、买错的用收纳盒（箱）收纳在不常用的位置上，以便督促自己以后少买同类物品，避免重蹈覆辙。

- 储物空间不够大可进行取舍，可以将有价值的物品送人、转卖、捐赠；无价值的物品则直接舍弃（购买价值、使用价值、收藏价值和精神价值，四者均为价值的判断标准）。

⑤将所有空间进行责任人分配后，谨记自己的物品自己还原，负起家庭一员的责任，不指责、不抱怨、不越界，共同维护家庭空间有爱的环境。

整理收纳的过程就是一个心灵净化的过程，而心灵净化需要一个载体，抑或是集体思想意识。如果家庭没有集体思想意识，结果就是一个人在整理，全家人在破坏。集体思想意识的建立是彻底解决物品凌乱的根本。凌乱只是现象，我们要学会透过现象看本质。

回归到玩具整理的问题上，父母是代替孩子购买玩具的主体，而购入后真正的主人是孩子自己。孩子自己要为自己的物品负责，要爱自己所拥有的物品，照顾好它们。家是全家人的家，它归属于集体，每个家庭成员都是集体中的一员，每一件物品都服务于家庭成员，要让全家建立一种"爱"的价值观，所有家庭成员、家庭所发生的所有事情以及服务于家庭成员的每一件物品都值得被倾注爱意。家庭空间的人、事、物是一个整体，家庭中的所有成员都应该拥有共同的热情，共同为家的和谐生活朝着同一个方向前行。

生活不是头痛医头，脚痛医脚，物品也是一样，不能哪里乱了整哪里，而是试图发现一种曾经隐而不见的秩序和问题的本身，全家人共同从中找到家庭秩序的向度，让家与爱的价值观升华，带领全家人共谋一种富足且自在的生活方式，这种整理思维才是有效的整理方法，才是做整理的意义所在。

附：

表2-3　留存道四项心法分析表

区域／心法	柜体加减法	层板加减法	五金配件加减法	收纳用品加减法
衣柜				
鞋柜				
包柜				
橱柜				
儿童柜				
书柜				
抽屉、斗柜、矮柜				
……				

注：此表格需要根据家庭空间的储物需求填写。

表 2-4　留存道四项心法分析示例表

区域/心法	柜体加减法	层板加减法	五金配件加减法	收纳用品加减法
衣柜	无	需要拆除储物区层板	无	需要衣架、百纳箱、抽屉分隔盒
鞋柜	更换顶天立地鞋柜	需要根据鞋子高度调整层板	无	需要收纳篮、抽屉分隔盒
包柜	无	无	无	需要包包防尘袋
橱柜	需要在厨房阳台增加置物架	需要在吊柜增加层板	无	需要收纳盒、调料罐、自封袋、抽屉分隔盒、墙面置物架等
儿童柜	需要增加玩具收纳柜	无	无	需要儿童玩具收纳筐、自封袋
书柜	无	无	无	需要书立、收纳筐
抽屉、斗柜、矮柜	需要增加斗柜	无	无	需要抽屉分隔盒，饰品收纳袋
……				

注：可根据实际情况再进行延展，细化到数量、尺寸、款式、参考图等。

第二章

如何从0到1
创立整理收纳公司

这一章写给整理收纳行业的创业者们！

　　品牌是一种无形的资产，是心灵的烙印。做好一个品牌首先需要创始人坚定的信念。当你想去创立好一个品牌的时候，就要先制订好目标，然后坚定信念地往前走，哪怕你暂时对目标没有概念，但至少你想做一名合格的、受尊重的、有成就感的整理师，这也是一个目标。无论途中遇到高山还是河流，你都会想办法跨过去，走过从 0 到 1 的初始化进程，再进入持续创新的时代，这是一个不断突破自我的过程，慢慢地，你的目标就会越来越清晰，方向越来越明确，品牌的雏形就有了。好的品牌名称、品牌形象（视觉）、品牌文化、品牌理念及管理制度、品牌行为等都是做好一个品牌的基础。一个成功的品牌，其决定因素很复杂，除了要有信念，还有一个最本质的因素是做好产品，即便前面的一切你都准备好了，但没有好的产品体系，一切都是空谈。

一、如何构建产品体系

有好产品是构建产品体系的基础，要知道业务从哪儿来，什么样的产品结构可以解决销售闭环，让团队赚到钱，这个问题不想清楚，就无法确定团队的方向，没有方向的团队自然是一盘散沙，抛开产品谈品牌就好似空中楼阁，脱离现实，不切实际。

大家都知道我们留存道的产品体系分为三个模块，服务、培训教育和收纳用品（家居好物），三者相加，将与顾客密切关联的一系列消费需求一站式解决，它的优势是提升用户体验，深度绑定用户。

所以很多新入行的人就直接以这三大板块切入开始创业，觉得别人这样做，我也这样做，为了产品线的丰富而做了这三个板块的业务，但这三大板块跟自己实际业务是没有商业关联的，结果就是每项业务都没有做好，最后创业也不了了之。

我并不是开始入行就做这三块业务的，而是随着客户群体的发展逐渐衍生出来这些业务的。

1. 产品体系之收纳用品

我从 2010 年第一单的整理服务收入 10 万元到服务过程中发现了收费的痛点，2011 年制定收费标准，就是一个通过业务衍生出的创新。在整理服务过程中，我又开启了收纳用品的创新之路。开始从业服务时所用到的收纳用品都是从网上采购的，算是帮助顾客代采购。但新的问题出现了，网上的产品参差不齐，无法保证货品的质量，在收货时经常出现断裂、损坏的现象，这就导致顾客对整个服务的感受非常不好，也对整理师产生极大的误解。

无奈之下我走访了浙江、广东等多个收纳用品厂家，但都没找到符合我内心标准的收纳用品，最后跟一位原材料研发的朋友一起，开发了现在留存道植绒衣架的里料，并且改良原有衣架磨具肩膀易损伤衣服的弧度，改良百纳箱的钢筋结构使其更承重，改良百纳箱的面料使其减少刺鼻的味道。同时研发了用环保纸制作而成的抽屉分隔盒，在狭小的抽屉里更省空间，可定期更换，收纳内裤等贴身衣物更干净更安心。有了这样的好产品，顾客与整理师之间的误解也逐渐消除，从此我便开启了收纳用品的设计与研发之路。

但这条路走得并不顺利，在有了各种产品后，经营成本骤增，库房成本、物流成本、产品包装成本、人工成本、损耗成本等一一显现。因为收纳用品只能在服务的时候为客户提供更好的体验，站在服务客户的角度上，我们用匠人精神做到最全面的考量服务结果，走这条路本身没有错，但我并没有思考背后的商业逻辑，高品质带来高成本，新的收纳用品理念需要重新培育市场。产品虽好，但产品本身没有销售渠道，市场竞争力不足，导致库存严重积压，使公司一度陷入了财务危机。

我这次踩的坑就是拓展的产品模块与自己实际业务只有事件关联，没有商业关联。所以，如何将服务范围扩大，增加收纳用品的销量，是我那段时间想得最多的问题。

2. 产品体系之服务和教育培训

刚开始从业的那几年，服务区域仅限于北京，随着知名度越来越高，北京以外的客户需求量也逐渐增加。我带领团队开始在全国多地出差，开启异地整理服务项目。但人的精力是有限的，即便在全年无休的情况下，一个月也只能做30天，以当时的全屋整理项目规模来算，每个月最多只能接4～5单。因此，培养人才成了那个时期业务衍生的新需求。

2015年，我们开启了国内最早的整理收纳师职业培训，把多年的经验形成方法论，复制给全国的行业从业者。开启培训的好处是可以从中选拔适合自己团队的整理师，让业务不断扩大，同时有更多的从业者开始宣传这个职业，增加市场认知度，带动服务业务的增加。

3. 产品体系闭环模式的形成

行业体量增大，服务中陆续出现我之前踩过的坑，包括收纳用品的使用，这时大家才意识到我设计研发收纳用品的重要性，大量的产品订单接踵而至，同时也显现出收纳用品这个产品品类的优势。

第一，增加复购率。整理服务是一个相对低频的服务项目，如何提高客户复购率是当时行业内普遍存在的问题，收纳用品很好地解决了这一问题。首先，收纳用品是以客户的实际需求为设计理念的，用户体验好了，服务质量就会提高，服务质量提高的同时带动了收纳用品复购率的提升。一款好用的收纳用品，客户不仅可以自用，还可以推荐给身边的朋友，进而提升收纳用品的复购率。好的收纳用品会让服务的黏性更强，一想到整理收纳相关的需求，自然就会想到我们的产品和服务。

第二，成为利润增长点。收纳用品可以为全国整理收纳师拓展新的利润增长点，为客户服务时可以带收纳用品，其公域及私域的零售也是一项收入来源。

至此，留存道三大业务板块的产品闭环模式生成。

4. 产品体系的闭环模式

什么是闭环模式？闭环模式就是围绕着顾客一系列关联性消费需求，逐一提供相应的产品予以满足的商业模式。

拿服务举例，接受过服务的顾客，体验到了整理这件事情对家庭的帮助非常大，觉得行业前景非常好，自愿来参与学习，成为行业从业者；也有的顾客在接受服务的过程中，了解到收纳用品的便捷性，发现家里的其他地方或者亲朋好友家也需要同款好物，就会产生产品上的转介绍和复购；同样的道理，顾客接受过某个单一空间服务后，就会陆续购买全屋整理服务，也会推荐给身边的朋友使用服务、购买收纳产品或者推荐身边的人学习整理的相关课程，产生转介绍和复购。这就是三个模块之间互相关联，围绕着顾客不同时期、不同认知、不同资源的闭环销售，如图 3-1 所示。

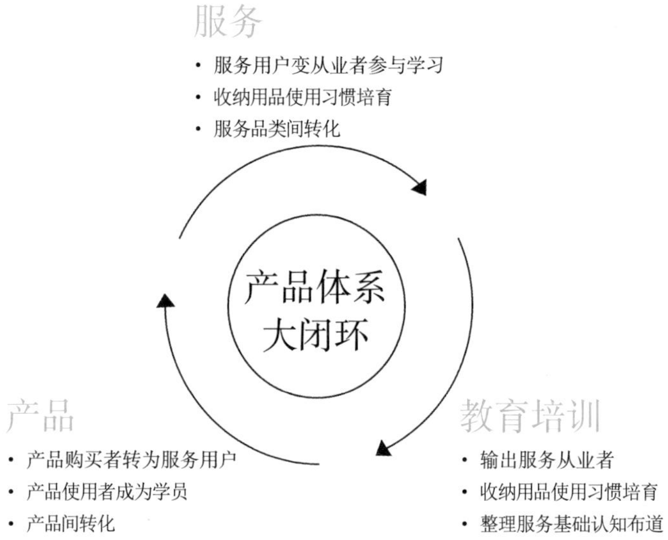

服务
- 服务用户变从业者参与学习
- 收纳用品使用习惯培育
- 服务品类间转化

**产品体系
大闭环**

产品
- 产品购买者转为服务用户
- 产品使用者成为学员
- 产品间转化

教育培训
- 输出服务从业者
- 收纳用品使用习惯培育
- 整理服务基础认知布道

图3-1　产品体系大闭环

当然，每个产品模块之间也会形成小的闭环，同样拿留存道的三个产品模块分别举例说明。

（1）服务小闭环

很多人认为服务就是先上门预采诊断然后转化为整理服务，这个没错，但仅限于自己一个人的情况。如果你想搭建团队，需要创立自己的公司，需要管理团队，单一业务就会受阻，就需要开展更多的相关产品线，让服务类产品丰富起来。

如图3-2所示，我们有引流产品，通过引流产品转化为高品质生活服务类产品，通过服务类产品的满意度体验，形成二次销售，在服务产品体系中形成小的闭环。

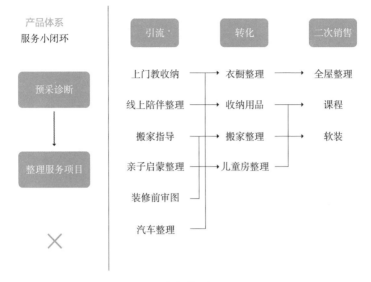

图3-2　留存道服务小闭环

（2）收纳用品小闭环

同样，在收纳用品的销售中，从单一的衣架、百纳箱等整理师首推的整理必备用品，到留存道商城目前的所有商品 [目前 SPU（产品种类）有 100 多个，SKU（产品规格）有 300 多个]，都是通过内容打造的爆款商品，再通过爆款商品扩充品类（图 3-3 ）。这里的内容是什么呢？整理师服务的方法、服务后的对比图、服务后的成果展示等，都是整理师可以输出的专业内容。通过这些专业内容的传递，一切与美好生活方式相关的事物，与顾客美好生活方式相关联的一系列消费需求，在留存道的产品体系里都会得到体现。

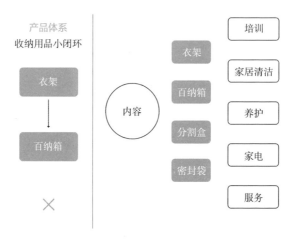

图3-3　收纳用品小闭环

（3）教育培训小闭环

首先明确一下教育和培训的概念。整理行业的培训多指以个人及家庭的业余爱好为主的入门级课程。教育是指以行业发展为导向、全方面培养行业人才计划为主的课程。两者从形式上和内容上都有区别。

很多同学在网络上看到我们有很多基础入门级的网课或者沙龙课程，经常问它们和职业课程的区别是什么。这里告诉大家，这类入门级的课程都是以个人业余爱好为主的引流课程，目的并不是让学完这类引流课的同学可以来参加线下的职业培训（职业培训属于教育板块），而更多的是让不了解整理的人了解整理思维，帮助自己和家人提高生活品质，进而成为我们整理服务的顾客或者成为收纳用品的消费者，当然也会有少量职业技能班的转化。所以教育培训模块也有导流产品，从而转化为服务类产品，通过服务类产品的满意度体验，形成二次销售。而真正想要成为整理师的人，才会转向学习职业教育的相关课程，如图3-4所示。

以上是留存道产品体系的分析，供你做参考。

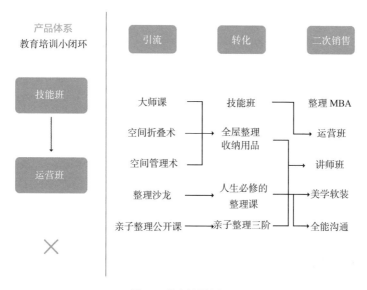

图3-4 教育培训小闭环

思考：为什么新人上来直接做三块业务容易失败？

因为人的精力是有限的，没有聚焦且专注在一个增长点上，就会互相拖累，结果三块业务都做不好。如果你一定要同时开展三块业务，也没有问题，但一定要把后面的逻辑想清楚，聚焦在背后的逻辑上，这就是先有鸡还是先有蛋的问题。比如我们留存道针对收纳用品和服务会有产服比分析，其他业务之间也会有相关数据，这样才能确保业务与业务之间的闭环模式正向发展。

在创业的这条路上，我一直都在不断地探索，包括培训时所需要的物品分类卡片、贴纸、改造工具等各种已经在行业内普及的教学教具以及现在我们留存道的合伙人体系等。

制度创新、产品创新不是一蹴而就的，需要每次服务中的观察与思考，需要秉承为每一位顾客负责的态度，需要本着为行业标准出一份力的初心。

二、怎么建立团队

建立团队的本质是培育土壤和选种。文化价值观就是团队的土壤，而团队的高线和底线就是培育团队土壤和选种的基础，然后根据这两个标准去筛选适合自己土壤的种子，高线是你想做到什么程度；底线是你不能容忍的事情。要想搭建一个好的团队，两者缺一不可，如图 3-5 所示。

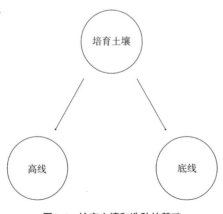

图3-5　培育土壤和选种的基础

1. 什么是文化价值观

我们在很多公司的墙上都见过使命、愿景、价值观的宣传标语，很多年前，我觉得这些是非常虚的东西，只是单纯的口号，起不到什么作用，直到自己成立了整理收纳公司我才改变了这种想法。一个人的时候是通过自己的价值观判断某件事该做或不该做，想做就去做了。当团队成员越来越多的时候我才发现，价值观是搭建团队、管理团队的基石。当身边有了其他团队成员以后，就会陆续出现运营责任划分不清、收入比例分配不均等现象。每个人都觉得自己的价值比较大，应该分得更多。遇到事情的时候才发现很多时候责任不明确，互相推诿，也会出现一个人扛着大旗拼命奔跑，后边的人在拖后腿，拉也拉不动的现象。原本身边都是志同道合的小伙伴，最后有可能变成了仇人。

创业过程分为很多个阶段，初期最需要管理的其实是业务，把业务从 0 到 1 干出来，就是对团队最大的管理；其次是团队文化，很多整理师会忽略团队文化建设，认为团队文化就是团队里的整理师一起聚个餐、一起逛逛街、去一个环境优美的咖啡厅一起做方案，这些只是团队文化的一部分，但不是最核心的一部分。

使命、愿景、价值观三者合一，即为团队或企业的文化价值观，三者顺序不能错。你可以简单理解为使命是"因"，你为什么会做这个事情；愿景是"果"，你想做成什么样子；价值观是完成前两者的"准绳"，是达成目标的方法和底线，是前进路上的指导方法，如图 3-6 所示。

拿留存道的文化价值观来举例：

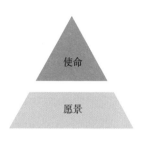

价值观

图3-6　企业文化金字塔

使命：改变一代中国家庭的生活方式，传递一种不将就的生活态度。

在从事整理收纳工作这十多年的时间里，我始终坚信，改变一代中国家庭的生活方式，传递一种不将就的生活态度，是我们留存道存在的意义。无论有什么业务、以什么模式、用什么逻辑，我们的使命始终如一。它解决了我很多的困扰，比如，异业合作到底要不要做，以前没有仔细想过使命问题的时候，我更多考虑的是能不能赚钱，有什么好处或者有什么坏处，当两者并存的时候，就会很纠结，但有了使命以后，只要能帮助到别人，并且自己有时间去做，又在我能力范围内，我都会去做；再比如，开设职业培训经常会有同行来学习，在使命这条路上，即使我们做的品牌不同、走的路径不同，但我们的目标都是相同的，都是为了成就他人，帮助每一个家庭改变生活方式，所以，即便是同行来学习，我也是一视同仁地教学。使命可以帮助我们找到方向，找到最终的目标。

愿景：打造中国最大最好的整理收纳平台，让从业者受尊重、有成就感。

愿景不是一个不可实现的、虚无缥缈的东西。愿景对于一个企业或一个团队来说，是一个看得见的阶段性目标，就是我们做到什么程度会离目标更近。比如，我们的使命是"改变一代中国家庭的生活方式，传递一种不将就的生活态度"，怎么衡量我们离达成使命越来越近呢？虽然我们很难一下把一代人的生活方式改变了，因为一代人很多，靠一个人的力量是完成不了的，但只要我们在一定时间内，做成全国规模最大口碑最好的整理平台，让更多的人一起去做这个事情，那我们就是离达成使命更近了一步，这是我们阶段性的愿景。

但光是规模最大不足以说明我们的价值实现了，所以我们还得让我们平台上的整理师获得更多的成就感、被尊重感得到提升，培养更多的职业人才，帮助更多的女性成长，帮助更多的整理师就业，帮助更多的家庭改变，这是我们中长期的愿景。

从 0 到 1，从 1 到 N，当我们这一代人做出改变的时候，我们也会影响下一代人的生活方式和生活态度。如果我们这一生完成不了"一代人"的目标，还有"整二代"们（整理师的子女），延续我们共同的使命，实现共同的愿景，它是一个可持续的过程。

价值观：以客户为中心、正直诚信、合作共赢、不将就（图3-7）。

我们相信有一些简单朴素的理念，吸引着和我们相似的人，共同完成一件件平凡而伟大的事情，这就是我们的价值观。

在留存道的价值观中，每一条都有底线要求，一层一层向上递进，每一层都有相应的内容解读，大的逻辑是：

第一层，对外部需求积极响应；

第二层，对内提出积极的自我要求；

第三层，遭遇挑战时的判断、坚守与能力升级；

第四层，成为行业的贡献者、倡导者。

图3-7　留存道价值观

价值观是让同一个团队中的所有成员看待同一件事情、同一个人、做同一个项目的标准是一致的。刚入行的整理师对使命、愿景不能深入理解，会认为这些跟自己没有太大关系。所以，我在培训的第一阶段通常会讲价值观。因为价值观是前进路上的指导方法，是做事的方式方法和标尺，这是建团队初期最需要的。

2. 怎么搭建文化价值观

首先要明确一点，价值观有高线要求和底线要求，而个体文化建立一定是从底线开始的。

我接触过很多整理师在建团初期只考虑自己想要的，比如想有一间温馨的办公室、一群小伙伴，一起工作，一起聚餐、一起逛街、一起做服务，心中幻想着团队应该有的样子，却很少去想我不想要的是什么。尤其是刚创业的女性，很容易只想美好的事情，而忽略了不美好的事情。当有一天，团队成员突然做了一件令你特别不喜欢的事情，从而离开了团队，你会特别想不通，为什么会这样，为什么他要做这样的事情，难道是我对他不够好吗？导致自己也陷入迷茫之中。

大家可以反思一下自己，你在建团队的时候有没有把自己的底线想清楚。在你的团队中，什么是能做的，什么是不能做的，其实你心里一定是知道的，但因为你只想着美好的一面，只想看到你想看到的，从而忽略了一些潜在的问题。

所以，初建团队要先想清楚自己不想要什么，你的底线是什么，你的底线就是团队的"底线"。比如，我是一个看到信息必回的人，特别不喜欢别人看到信息不及时回复，我觉得无论有多大的事儿，再忙也要回复一下，至少说明自己在忙，或者即便没有及时看手机，至少在看到的那一刻，也要回一句"在忙，稍后回复"。所以，留存道文化价值观中以客户为中心的底线要求就是"快速响应"，无论忙与否，都要做到及时响应，就算是当下的问题自己不知道答案，也不知道如何回答，可以先回复"收到，等一下回复您的问题"。这就是我的底线，也是团队成员的底线。

如图 3-8 所示，假设图片左边是你"特别不想要的"，右边是你"特别希望有的"，但是很多人都会在两个交叉区域出错。有些人满足高线的期望，但也会突破底线，这个时候管理者就会难以取舍。这里必须强调的是管理者一定要坚守底线思维，无论能力多强，突破底线的人早晚都不是你的人。所以，创业初期千万不要只想"特别希望有的"，一定要先想清楚左边的底线。在创业的路上，团队成员的流动是很正常的事情，我们要在这样的过程中不断筛选适合团队土壤的成员。在留存道体系中，无论什么职级、多少工作年限，但凡违反价值观底线的人，一律解约。我坚信"剩"者为王，最终留下的，才是可以和你共同进退的人。

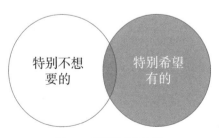

图3-8　团队底线和高线

（1）怎么找自己团队的底线

寻找团队底线，需要从两个方面入手：一是为人，二是处事。

如图 3-9 所示，可以先写出你认为"为人"和"处事"最重要的几个方面，比如性格、态度和品德，再围绕这几个方面想出具体的行为。举个例子，如果你特别不擅长和内向的人共事，那你可以把团队的底线之一定为成员必须是外向性格的。因为如果你不擅长和内向性格的人合作，你就无法畅通地和他沟通交流，时间长了彼此都会心生间隙。

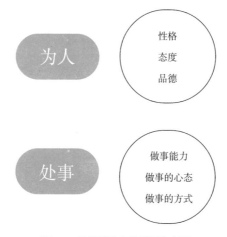

图3-9　寻找团队底线的两个方面

如果你无法忍受做事拖沓敷衍的人，那你的团队底线之一可以定为必须积极主动，需要被推着走的人就不能留。

（2）怎么找自己团队的高线

坚持底线做决策，尽当下所能向高线靠近带团队。

寻找团队的高线需要想清楚两件事：一是你想要什么，二是你能给什么。

如图 3-10 所示，比如，你想要团队共同学习的氛围，就要给团队一个分享学习的机制；想要团结有爱的氛围，就要定期举办深入人心的团建活动；你期望团队成员都能拼搏有担当，就要设定多劳多得的分配机制，如果你团队的成员干多干少薪资都一样，那还怎么期待团队成员能拼搏有担当呢？同时要反观自己，这些你自己能不能做到，如果自己都做不到，那如何要求团队能做到呢？能给到的东西会直接影响到能不能得到你想要的结果。

图3-10　寻找团队高线的两个方面

其实团队文化不是讲出来的，而是靠在持续坚持底线的基础上，尽现阶段最大能力向高线靠近。所以，作为一名创始人，我觉得文化价值观是给自己定的，可以帮助我们快速做出决策，在正确的道路上持续前行。

以前我一遇到客户退费就觉得很为难，若给客户退了，合伙人收入会受损失，若不退，会影响客户的感受。但自从明确了以客户为中心的行为准则后，按照消费者第一，合伙人第二，员工第三，公司第四的优先级，我就能很好地做决策了。出现客户投诉，合伙人、我、公司的第一要务一定是先解决客户的问题，尽一切努力做好用户体验，哪怕是最终退费了，客户也会为我们点赞，还会继续向朋友推荐我们的服务。

我以前经常要求各部门要统筹协作，但效果不明显，无论怎么说怎么要求，协作都一团乱。后来发现能够相互协作的永远是部门负责人之间私交好的，没有交集的几乎没有协作，各部门配合不到位。我意识到这是企业文化出了问题，所以之后无论公司业务多忙，每年至少会有两次大的团建。团建一定是跨部门进行，给大家在工作之外建立交流和联络感情的机会。一两次团建很难建立紧密的友情，所以我们也给每个部门设立团队凝聚力基金：每个团队每个季度都可以公费组织团建活动，体育活动、看电影、聚餐等形式都可以。

三、团队发展的三个阶段

第一个阶段，即初建团队的时候，特别像谈恋爱，你什么都没有，他也什么都没有，靠什么吸引呢？靠感觉、感性，单纯的你喜欢他，他也喜欢你。这个阶段我们通常考虑的是我能给他送什么礼物？能给他什么惊喜？能为他做点什么？先想的是如何付出给他更好的。

团队也一样，新入职的伙伴一定是先想，我能帮助团队做什么，我的价值是什么？而你要考虑：我能给他什么，他才能留下来，我能帮他成长为什么样，他才能觉得在这付出的时间不愧对自己。所以，初期的时候一定是非常甜蜜的状态，互相想着对方的时候一定是靠爱，靠双方彼此足够的爱来吸引对方，团队才能建起来。这也是前面提到的，团队的土壤很重要，团队文化很重要。

第二个阶段你会发现，团队发展不能一直靠爱，这个过程会掺杂着柴米油盐，如果一味地靠爱，早晚会分手。就像恋爱进入谈婚论嫁期一样，我们即将结合成一个家庭，彼此能给对方什么，从家庭而言，能给多少彩礼，能给多少陪嫁，要不要买房子，买车；从个人而言，我坚信要和这个人过一辈子吗？值不值得托付终身？当团队建立起来运行一段时间以后，双方就要考虑物质层面的事情了。所以作为管理者，我们需要提前想好这些事儿。这个阶段对方需要什么？考虑什么？这时候彼此要多沟通，让对方感受到为了以后发展得更好，需要开诚布公地说出这个阶段彼此的诉求，关注到彼此的心理预期。

第三个阶段，彼此进入了稳定的婚姻期，也就是团队稳定期，彼此就会想着怎么把日子过得越来越好，这时候遇到困难、遇到问题要一起去解决，指责抱怨解决不了任何问题，除非大家都不想过了，不然没有任何意义。

团队发展，可以看作是从爱走向婚姻的过程（图 3-11）。离不离婚，柴米油盐的生活很关键，而非爱得深浅。

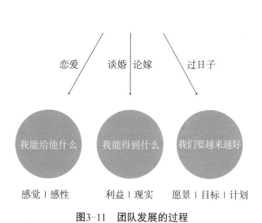

图3-11　团队发展的过程

四、怎么选对人

1. 自测定位

这里大家可以停留几分钟，有个问题需要大家先去思考，建团队初期，你需要什么样的人？小助理？合伙人搭档？还是领队？带着思考看下面的文字（图 3-12）。

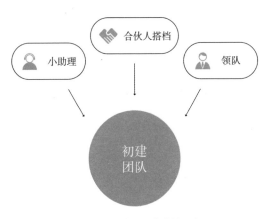

图3-12 初建团队该选什么人

（1）执着于寻找适合的合伙人

我接触过很多学员，学习的时候态度非常积极，考试分数也很高，做整理师能力没问题，就是业务迟迟没有开展，问其原因，竟是还没找到合适的合伙人，甚至有的人找了半年、一年，直至把自己原本掌握得很好的业务也放下了，最终没有从事整理师这个职业。

我们来分析一下，女性创业者为什么创业之初都想找位合伙人一起干呢？总结下来大致出于以下三个原因（图3-13）。

一是能力互补。觉得自己擅长这方面不擅长其他方面，希望找个人合伙一起互补做事情。

二是资源互补。自己会做事，但不会拓展市场，所以希望有个人可以拓展市场，对方拿单，自己做服务。

三是互相监督互相陪伴。自己是个行动力比较差的人，希望找一个合伙人可以督促自己，把事情做好。

图3-13　找合伙人的三个原因

这三个原因看似都是正当合理的诉求，但这个诉求只是表象，背后有着深层的心理障碍。

能力互补，是因为没做好全力投入的准备。创业的路上会面临很多困难，遇到困难不怕，不会的可以去学，但遇到困难就想找外援，依赖心太强，就会养成一个非常不好的习惯，总会给自己找这样那样的借口和理由，最终导致创业失败。而创业初期就是要把自己一个人当成一个团队，全力投入，才能得到好的结果。

资源互补，是因为没想清楚创业的方向。这个点的底层逻辑是自己还没有想好业务模式是什么。整理行业的业务模式有很多，要想清楚这个市场在哪儿，客户在哪儿，从哪儿能找到他们，不是试图通过别人找到客户。反过来看，如果一个人谈单能力超强，那他需要的只是一个领队式的员工，而不是一个只想拿现成业务的、不称职的合伙人。

互相监督互相陪伴，是因为内驱力不足，创业热情不够。创业其实是非常难的一件事儿，很多女性对创业的理解仅仅是感觉，想开个咖啡厅、开个服装店、开个花店或者蛋糕店，美美地在店里拍照，安安静静地享受岁月静好。她们不知道的是要面对背后诸如消防、税务、财务、社保、水电煤，甚至还有灯泡坏了、马桶堵了、玻璃碎了等各种鸡毛蒜皮的事儿。创业初期，如果创始人不考虑好这些事情，就找一个人跟你一起创业，那就是对别人的不负责任。

所以，创业最大的误区不是给别人创业，而是自己创业，要依靠自己的努力，给自己做好定位，这也是创业初期建立团队非常重要的一步。自己的定位不清晰，就无法选对正确的人。

如果以上三点你全中，建议你前期还是先留在别人的团队里，从底层做起，先成为一名专业合格的领队，再积累经验，努力成为团队的合伙人。

（2）不停地寻找服务领队

另一种整理师在建团队初期一直寻找服务领队，觉得两个专业的人在一起做事可以相互商量，虽然出发点是为了更好地服务顾客，但其实依然是自己行动力不够，不够勇敢，怕担责任。

（3）创业初期你只需要一名合格的小助理

在初建团队只有一个梯队的时候，需要整理师自己来想方案，助理配合你执行，在这个过程中你要给予助理成长的空间。随着业务的逐渐增多，你可以慢慢地培养助理成为合格的服务领队，等他积累了一定的经验后，再放手让他带团队。与此同时，你可以逐渐增加团队成员，扩大团队规模，将小助理一步步培养成为你的左膀右臂，直至成为合伙人。

2. 第一名全职成员怎么选

如果你已经做好了创业准备，就需要思考初期建团队，第一名全职成员应该选什么样的人？是选听话的，还是选能干的（图3-14）？

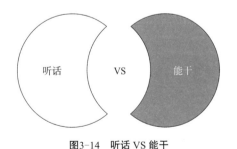

图3-14 听话 VS 能干

图3-15 是一个选人坐标工具供大家参考：

图3-15 选人坐标工具

（1）创业起步期

这时你需要的是小助理。小助理一定是听话的，虽然当下做事能力欠缺，但成长的潜力一定不能太差，要有学习能力，这类人恰好就是刚入行的、刚毕业的行业小白，虚心、肯干、听话、照做，而不是行业内资深的从业者。愿意跟你从零开始的员工前期都不是冲着钱来的，他们要的是一个未来，是信任你这个创始人，愿意和你一起努力实现目标。这类员工要用爱链接，以团队的初心、价值观，把人留下来，然后慢慢带，慢慢培养。

（2）创业发展期

此时，要用自己培养起来的人，如果没有培养出来，又需要拓展业务的时候，行业内成熟的从业者也可以用，但要限制着用。整理行业中经常出现这类情况，一个在其他团队中很好用的人，到了新的团队中却不服从管理。这是因为在创业发展期，你的实力和能力仍有一定不足，同行里成熟的整理师选择加入你的团队时，他的能力可能超越你，但他可能不会一直留在你的团队里。从长远来看，这类员工也不一定认同团队的价值观、文化和长远的发展方向，在这种情况下，由于你自身能力和经验的不足，最终可能是给别人做了嫁衣。但如果在磨合中发现这类人能够满足团队的底线和价值观要求，可以逐渐放权，如果不行，就要尽快培养新人。

（3）创业稳定期

这时一定要用行业牛人，这类人每个公司都会抢着用，可以外聘。在创业稳定期，你自身的实力和能力已经足够强了，不用再担心轻易被人颠覆，此时只需谈好权、责、利，用目标牵引，能共同完成团队目标的人就是适合的人。

无论在什么时期，不能干又不听话的人一定不要用。根据自己团队的不同时期，运用坐标工具，可以很快选到合适的人。

3. 如何找合伙人

已经完成了初建团队，需要业务拓展，到了要找合伙人的这一步，该怎么选合伙人呢？

合伙人通常可以在这三层关系中寻找：第一层情感关系，第二层协作关系，第三层权利关系。从最底层开始，层层递进，层层筛选，满足并符合三层关系的，才能成为合伙人，如图3-16所示。

第一层是情感关系，是指彼此一定是互相信任的。包括亲戚、朋友、同学、前同事等知根知底的人。

我们公司的CEO王宪文是我在2014年认识的。他是国内最早拿到融资的 O2O 家政公司创始人之一。当时因为整理收纳业务和他们公司的高端客群非常匹配，大家便一起开展了一系列的合作，在此期间彼此处成了很要好的朋友。我们一起共过事，有信任的基础，了解对方的人品、喜好和底线。在合作中就能避免很多不必要的误解和误会，就算是因为工作原因吵架以后，也不会彼此猜忌，因为彼此足够了解。

第二层是协作关系，在第一层信任的基础上再深入了解对方的能力，彼此可以给双方带来什么样的帮助与支持，这是很重要的一点，如果只有情感关系，对方并没有能力胜任，那也是不适合做合伙人的。

第三层是权利关系。在前两层关系的基础上，在正式成为合伙人之前，还要谈好权利、责任和利益分配等问题，丑话说在前面，一定不能"咱们先干，干成了再说"。无论什么关系，什么能力，一定要提前把该定的定好，以免发生扯皮事件，熟人变仇人。

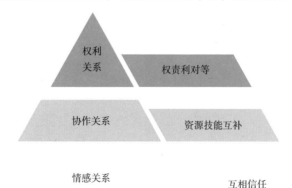

图3-16　找合伙人的三层关系

依据我四次创业的经验，分享几个建议供参考：

①不要强求从情感关系里找合伙人，可将重点放在从协作关系里面找；

②保持公司的绝对权力，权责利对等；

③要么出钱、要么出力，出力就必须是全职的；

④不要因为"出资源"，就违反上一条；

⑤出力的人，持续解决难题才配拥有股份，不然现金结算。

五、怎么管好人

　　除了选对人，还要管理人，不然好用的人都会被管散了，管人不是纸上谈兵，一定是有组织、有计划、有策略的。

　　很多整理收纳公司在管理方面会明显越来越力不从心，原来的创业元老有一些人已经跟不上公司的发展节奏。公司战略看似清晰，其实细节方面还有很多问题，导致战略总是落不了地。组织建设和发展方面也会面临很多问题，公司总觉得缺少可用之人，招人和留人都很困难，公司的规章制度明显跟不上企业发展，企业面临新的转型升级。

　　如果你正在面临这样的困扰，证明你的公司已经具备一定的市场知名度，你的团队已经拓展到一定数量，这时的公司已经开始进入阵痛期，需要你根据团队的情况来制定相应的岗位标准、考核标准和晋升标准。这时的创始人必须自己提升管理能力，学习相应的管理知识。

1. 让专业的人做专业的事儿，不是所有人都适合做管理

大家常常会陷入固定的思维，觉得业务做得好的人就一定能做好管理，这是一个非常大的误区。很多整理师并不适合做管理，甚至是创始整理师本身也不会做管理。如果硬把业务骨干拉到管理岗，无论是个人还是团队，都拿不到好的结果。这是很多团队都出现过的问题。管理是什么，简单来说就是把自己手头的事儿做好，形成方法论，用这套方法带人。带人的目的是把自己的工作交出去，培养能独立做事的人和团队，让团队去拿结果，让个人产出裂变成团队产出，为自己腾出时间去做更重要的工作。

2. 创业初期，刚入行的整理师应该怎么做

这个阶段就是一个人活成一个团队。我从 2010 年入行，一直都是一个人去跑市场、找业务、谈合作，也要带队上门做服务项目。当时培养了 3 名兼职伙伴，一名兼职组长，两名兼职整理师。凡事都亲力亲为，没有工作室，没有固定成本，收入一直很好。后来把组长培养成独立领队，从一个团队裂变到两个团队，我负责接单，我们俩同时负责两个团队上门做服务项目，有 5 名兼职员工。

2015 年我在北京三里屯 SOHO 租了近 300 平方米的办公室，开了一家整理收纳公司，开始了整理师职业培训，从学员中开始留用员工，一步一步把她们带出来，在业务上独当一面，有多个团队可以同时接项目，同步还可以开展培训等其他业务。

3. 先专业后管理

任何一个整理师创业团队开始时都没有管理岗，只有专业人员。我刚开始创业的时候，也没有设置管理岗位，都是把能做的事情做好。当专业能力足够优秀了，形成了专业的影响力，你的业务规模也会随之扩大，这时候才需要管理。你可以从已经成熟的、专业的团队里挑选适合做管理或愿意做管理的人。

2017年底，公司遭遇到一次危机，有4个伙伴留下来跟我一起共渡难关，在做出了一定成绩后，为了激励大家，我给她们各自都分配了公司的原始股份，后来公司从我们5个人发展到20多个人，她们每个人都带领几名员工，但她们依然做着业务骨干的事儿，部门没有她们不行，但下面的员工叫苦连天，觉得没有发展机会，学不到东西，对未来也没有方向感。她们4人，对于做管理都觉得很累，压力很大，认为下面的人能力欠缺，所以也不放心把业务交给他们。

结果是，该让员工干的事情，都让管理者亲力亲为地干了，员工有能力也无法施展；而管理者们则觉得自己很辛苦，是他人拖了后腿，认为付出和收获不对等。这就是让专业的人做了不专业的事儿，管理者用做业务的思路做管理。

这不是她们的错，而是我这个创始人的错，当时我忽略了一点，大家都不擅长管理，也并没有理解管理者和业务骨干的区别，把管理工作强加给业务骨干，认为她们既然自己做得好，就一定能带人把业绩做得更好，我没有想过这样会让她们也倍感压力，最终导致两名骨干离开了团队。

这是管理者要走的必经之路，创业初期，团队人员少，管理比较简单，有业务，干就对了，把自己会的东西教给员工，让她们成为业务骨干，这个想法没错。但随着团队的扩大，业务的扩张，我并不能教会她们如何管理好下面的人。人少的时候我可以手把手地带人，但当业务飞快发展，团队成员增多以后，我也开始感到力不从心了。我甚至不知道自己当时是怎么把她们带出来的，也许是我比较幸运，遇到了一教就会并且踏实肯干的她们。

有了这次经历，让我明白自己并不是一名合格的管理者。于是，我做了两个行动：第一是学习企业管理知识；第二是把管理工作交给另一位懂管理的合伙人去做，自己则做最擅长的部分。

为什么学了企业管理知识还要将管理工作交出去呢？是因为我发现学完我自己懂了，但却做不到。懂管理知识是为了跟真正的管理者同频，能听懂他说的话，能理解公司即将做出的改变。不要认为作为创始人就要亲力亲为、一手遮天，什么都要自己做。随着业务的增多，团队的扩大，你需要根据每个人擅长的领域做出不同的调整，让专业的人做专业的事儿。

很多人认为一个人业务能力强，人缘好，团队成员之间的关系处理得不错，处事圆滑，就适合做管理者，这其实是团队中的老好人，而管理者恰恰不需要这类人。管理者是要站在组织的角度做一些事情，比如裁员，老好人很难做这样的决策，跟谁都很好，不知道如何下达任务，不能带领团队拿到结果，怕得罪人，因此不适合做管理。

4. 为员工设置多元的职业通道，充分发挥个人优势

目前我们把公司岗位划分为 M 线和 P 线两种。M 线是管理线（管理能力），P 线是专业技术线（专业能力）。P 线和 M 线各自都有 2 ～ 3 个职位等级。同样岗位的人，他们的能力产出、任职年限和专业影响力不同，其职级可能是不一样的。比如我们的客服有的是 P1 级，有的是 P2 级，我们的部门负责人有的是 M2 级，有的是 M3 级（表 3-1）。

表 3-1　整理师职位职级表

管理线	专业技术线
M3 业务负责人	P1 专家整理师
M2 领队	P2 资深整理师
M1 组长	P3 骨干整理师
	P4 兼职整理师
	P5 实习生

因此，在我们公司，职位是一个虚职，有的客服经理专业职级可能会比其他部门负责人都高。这样做的一个很大的好处就是团队认可能力和专业度，而不是职位。另一方面也解决了员工职业发展通道的问题，不是只有通过晋升成为所谓的主管、总监等管理者才能提升自己的薪酬和待遇，专注于把自己的专业做好，同样也能在 P 线不断晋升。而管理者反而要想尽办法服务好专业的人做好专业的事，而不是一味颐指气使地指挥下命令。

5. 从专业人才中选管理人才

这里需要考虑两个维度：一是你团队的伙伴中有没有适合做管理的人，从专业能力优秀的人中优先选择；二是要遵循本人意愿，即本人愿不愿意做管理。

专业的人才做管理有一定的时间周期，在做管理时，他们同时兼顾一线工作，所以往往要付出更多的心血和精力带着团队成长。他们是在做好专业事情的基础上再进行管理，当然，收获也是不一样的。

我的团队里有个业务能力非常强的整理师，这几年连续两次晋升，然后我建议她转岗到 M 线做管理，第一次她拒绝了，第二次她尝试做了一年 M 线，又申请回到 P 线。不是她做不好管理，而是她发自内心地不想做管理，只想做好自己专业的事儿。她的专业态度、专业能力完全没有问题，现在在 P 线做得风生水起，她身上一直都散发着匠人精神，这就是她的个人意愿。

不是所有的人都适合做管理，也不是所有的人都愿意做管理，只有适合和意愿同时存在，才是 M 线的合适人选。

6. 如何考核员工和管理者

留存道 P 线员工考核中，价值观是核心，一个人的价值观与公司不符，即便其他能力 100 分，也不适合我们公司；然后是专业能力；最后是业绩产出。专业能力和业绩产出代表是否能胜任本职工作，价值观代表是否能跟团队走得更远（图 3-17）。

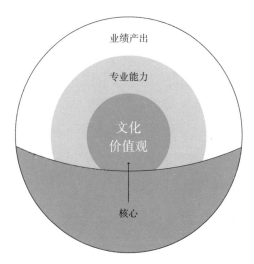

图3-17 员工业务考核模型

M 线在坚持价值观的前提下，考核主要是以心志是否坚韧为核心，看他定策略，建团队，拿结果的能力（图 3-18）。首先，做管理心志最重要，就算其他几项能力非常强，但内心是个玻璃心，很脆弱，经不起批评或指责，即便能力强也不适合；其次要考核对整理这件事儿的理解程度，只有对业务理解得足够深，才有可能定出正确的团队策略；再次要思考方法论的沉淀，是否有能力把工作总结成经验，以前做这件事情和现在做有没有提升，进步在哪里，这样才能用更好的经验带团队；最后看能不能拿到结果。

为什么我要在管理中划 P 线和 M 线，就是要在工作中，把这两类人才甄别出来，让专业的人做专业的事。

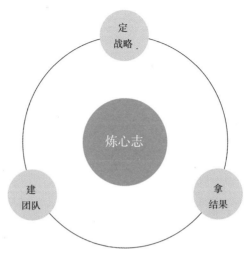

图3-18　管理者能力考核模型

专业能力和管理能力模型，具体内容包括：

专业能力模型

- 专业知识：指做好本职工作需要的知识，可以分为行业知识、业务知识、工具知识等多个维度。

- 专业技能：指做好本职工作所需要的运用知识解决问题的能力。

- 专业影响力：体现了公司对各职位在提升专业能力方面的重要要求，包括方法论建设、知识传播和人才培养等。

- 通用能力：体现本职工作中最重要的非专业内涵的能力要求，即为人处事的能力、沟通能力等。

管理能力模型

业绩产出：如何在公司内产生价值？以绩效考核为标准，持续且稳定的业绩产出，最低要求是绩效高于平均水平。

领导力：如何领导别人做事？

定战略：洞察趋势、务实决断；

建团队：培养人才、激发活力；

拿结果：策略落地、极致执行；

炼心志：自我修炼、提升格局。

专业能力：如何利用专业知识技能做事？满足管理职级对应的专业职级能力要求。

文化价值观：在公司内如何做人？以客户为中心、正直诚信、合作共赢、不将就。

六、如何制订薪酬策略

找到合适的人选后，就要考虑薪资问题，这也是整理行业初创团队常遇到的问题。很多整理师羞于提钱，可谓谈钱色变，但这是必经的一步，丑话说在前面，先小人后君子，先定制度再谈人性，否则就会陷入更多内耗，导致创业失败。

我们把薪酬策略分为三种方式，短期激励策略、中期激励策略和长期激励策略（图3-19）。

短期激励策略

短期激励可以产生正向反馈。当达成短期目标时，应及时给予肯定。通俗来讲，就是阶段性目标完成就可以获得相应的薪酬奖励。一年以内的激励形式都属于短期激励，比如整理师岗位，可以以日薪或月薪的形式，以月度绩效、季度绩效为考核标准，激励内容可以是项目提点、奖金，也可以是荣誉激励，比如年度优秀员工、优秀领队、优秀整理师等。

中期激励策略

一般针对中层管理者，时间周期通常1～2年，以职位晋升、上调薪资标准等形式作为激励方式，一般至少工作一年以上才能晋升或调薪。年假、交通补助等组织权益等，这些都属于中期激励。

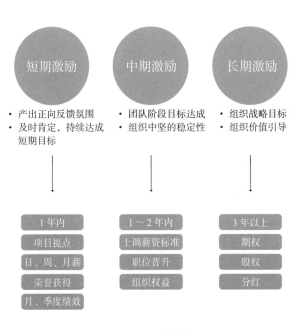

图3-19　三种薪酬激励方式

长期激励策略

以组织战略目标，组织价值引导为主。此策略一般针对管理层，适用于 3 年或以上的时间周期，激励方式有期权、股权或分红等。

1. 工资定多少

很多人不清楚自己招来的员工要怎么发工资，这里给到大家一个换算公式：

收入 — 成本 = 利润 × ?%

工资换算公式

年收入减掉年成本等于年利润。年利润是你整个团队的薪资总包，在年薪资总包里你愿意拿出多少来给员工发工资。

创业初期，在没有场地、水电等固定成本的时候，你的利润率会高一些，大概占比70%。假设你的年流水是20万元，成本是6万元，利润就是14万元，14万元分到12个月等于11600元/月左右（无论多少名员工，包括创始人自己，工资都包含在这里面），这11600元/月你愿意拿出多少钱付员工工资（便于计算，这里忽略个人所得税以及各类保险成本）。

此时假如你想招聘一名小助理，助理要求薪资4000元，那你自己可以留下的就是7600元左右，这样的分配比例如果你觉得可以，且你非常需要这名助理分担工作，那就可以聘用；如果助理提出要每月8000元薪资，你自己只剩3600元，你是否愿意聘用呢？

你要考虑的是所招聘的员工是否能在岗位上发挥作用，对方要考虑的是你给的薪资是多少然后再决定是否愿意留下来，双方都能接受的薪资，才是最合理的。

工资，不是你开多少员工愿意干，是你能开多少且他愿意干。

这里最好以年为单位计算总包，再除以12个月，得出的结果才是合理的。这跟空间管理的道理是相通的，不能只考虑单个物品或单个人的单个需求，要整体看待全局来规划方案。很多整理师只按月计算，每月的业务量不一样，月进账就不一样。进账多的时候发工资觉得没问题，进账少的月份心里就不舒服，这是不对的。公司一定是以年度为大盘子设立目标，招聘员工不是仅为了做好手头上的事儿，而是要考虑这名员工的产出比占全年目标的百分比，你是否值得招聘这名员工。如果没有他你自己能不能完成既定目标，这些都是你考虑是否要招聘员工和发多少工资的因素。

2. 绩效怎么定

整理师团队里通常有两类人：一类是专业整理师（P 线），这里有兼职的也有全职的；另一类是通用全职的，也就是偏管理型岗位的（M 线）。这两类人员的工资通常是底薪＋绩效的模式，如图 3-20 所示。

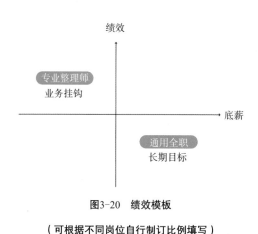

图3-20 绩效模板

（可根据不同岗位自行制订比例填写）

通用全职型人员做的事儿比较杂，属于长期目标的岗位，比如助理、新媒体、财务等，要持续在岗位上做长线的工作。他们的工作不是当下能完成的某个项目，而是需要经过长期的努力才能拿到结果。这类员工的底薪可以定得高一些，绩效定得低一些。底薪是看干的事儿，绩效是看干得好不好。这类员工是需要跟公司长期走下去的，底薪是要保证团队成员基本的生活水平，用爱、用团队信念、用价值观让他们有安全感，用少部分的绩效牵引他们成长。绩效是一种底线思维，达到不同的标准，可以给不同的绩效。

专业整理师则相反，他们的收入是跟业务挂钩的，且结果容易量化，服务做得多，拿得就应该多。通常不能只用底薪衡量他们的工作，要增强他们拼业务的积极性，单接得越多赚得越多。以固定工资的形式发放会滋养他们的懒惰，也不会让他们站在团队立场践行成本效率，因为省下来的钱跟他们没有关系，团队好坏跟他们也没关系，自然就不上心。这类人员底薪可以定得低一些，绩效定得高一些。比如，整理师一定是对项目结果负责的，项目完成度高，践行成本效率，项目利润总包自然就多，绩效也就多，多劳多得。

3. 绩效模板

（1）通用全职类可以参考 OKR 管理体系

OKR 是一套定义跟踪目标及其完成情况的管理方法和工作模式。时刻提醒每一个人做当前工作的目标是什么，是目标导向，关注做事情的目标达成和进度，而不仅仅关注结果。保证做事的目标和过程不走形，结果通常不会太差。对于团队里偏管理岗的人员适合参考使用 OKR 的形式来考核，因为他们做的很多事情都是长期才能见效且短期内很难量化的。

举例说明（表 3-2）：

表 3-2　OKR 绩效模板

目标 Objective	• 提高服务质量
任务 Key to Do	• 建立服务 SOP • 客户维护方案 • 服务评价体系
结果 Key Result	• 团队月平均人效 2 万元 • 客户满意度 90% • 转介绍及复购率 50%

注：表中内容仅为举例说明，并非固定模板。

比如你的团队目标是提高服务质量，这看起来是个比较泛泛的目标，但又是比较明确的事儿。我们要思考，做哪几件事情，服务质量会提升，如，建立服务 SOP（标准作业程序 / 流程），可以提高服务效率；制订客户维护方案，了解客户需求，并持续为客户提供优质服务；建立服务评价体系，获取客户对服务的满意度评价。这些就是具体任务，是由目标产生的任务。

有了这些，我们需要有个指标来衡量结果是否达成，比如指标是团队月平均人效 2 万元 [人效比 = 月平均销售额（毛利额）/ 月平均工作人数]，客户满意度 90%，转介绍及复购率 50%，当达到这样的目标后，服务质量一定就有所提升，团队的既定目标也就达成了。

（2）领队专业型可以参考 KPI 绩效体系

KPI 是根据公司结构将战略目标层层分解，并细化为战术目标，来实现绩效考核的工具，是结果导向，以做事情的结果为主，以做事情的过程为辅。关注的是财务和非财务指标，默认工作完成的情况对于财务结果有直接影响，一个数值对应一个结果，即你做到什么程度，就可以拿到相对应的绩效奖励，它是具象的。

整理团队中的专业技术类岗位，适合参考 KPI 绩效体系来考核。因为整理服务，无论是销售还是交付业务，周期都较短，结果也很容易量化。什么时间内能有多少产出、能拿多少回报，成熟的团队都能快速测算出来。

举例说明（表 3-3）：

表 3-3　KPI 绩效模板

指标体系	• 成本控制 • 客户满意度
指标达成 结果应用	• 成本控制 < 40%，项目绩效 +2000 元 • 成本控制 50% ～ 60%，项目绩效 + 1000 元 • 成本控制大于 60%，项目绩效 0 • 客户满意度 > 90%，项目绩效 +2000 元 • 客户满意度 80% ～ 90%，项目绩效 + 1000 元 • 客户满意度 < 70%，项目绩效 0

注：表中内容仅为举例说明，并非固定模板。

比如，你的团队目标是控制成本并提升客户满意度，只有努力完成这个目标，才能获得奖励。

一个领队型整理师，接到一单整理服务项目，项目成本控制在 40% 以内，项目绩效就可以拿到 2000 元；如果项目成本控制在 50% ～ 60%，也就是成本增加了，项目绩效就只能拿 1000 元；如果成本控制大于 60%，那就没有项目绩效。

同样，客户满意度大于 90%，项目绩效是 2000 元；客户满意度降低，介于 80% ～ 90%，绩效就只能拿 1000 元；如果客户满意度小于 70%，那就证明服务刚过及格线，就没有绩效。

如果项目成本控制在 40%，同时客户满意度大于 90%，则绩效就是 2000 元 +2000 元 =4000 元；如果项目成本控制在 40%，但客户满意度是 70%，那就代表效率提升了，但服务做得不仔细，影响了顾客的体验感，只完成了一项目标，就只能拿 2000 元。

也就是说，既要考虑控制成本，也要考虑顾客满意度，两者缺一不可。

OKR 和 KPI 是我们公司采用的绩效体系，当然还有很多种方法和体系可以参考，创始人根据对绩效考核的理解，可采用相应的方法进行管理。

附录 1

整理行业
的未来发展

一、行业前景

　　2022 年年底，国务院印发了《扩大内需战略规划纲要〔2022～2035 年〕》，强调扩大内需为中国经济发展的"战略基点"，其中很重要的一点就是"促进消费，加快消费提质升级"。在后疫情时代，日常的消费场景和消费理念得到修复，消费潜力的释放带来了市场的明显反弹。图 1 为 2021～2022 年整理服务行业发展趋势及增速。

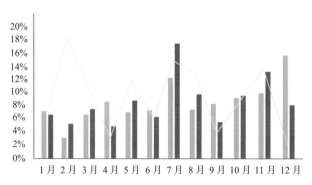

图1　2021～2022年整理服务行业发展趋势及增速

1. 行业前景好不好，市场体量说了算

市场体量即市场规模（Market Size），也叫市场容量，主要是研究目标产品或行业的整体规模，可能包括目标产品或行业在指定时间内的产量、产值等，具体根据人口数量、大众需求、年龄分布、地区的贫富度调查结果所得。

胡润报告显示，2020 年中国净资产在 600 万元以上的高净值人数是 202 万人，这部分人群是整理收纳早期市场的主要消费群体，全国市场规模在 200 亿元。随着整理收纳理念及服务的普及，越来越多的中产群体加入消费行列，全国收纳整理服务业务量平均每年以 4 倍的速度在快速增长，全国整理收纳市场规模在 2022 年已经达到 1000 亿元的市场体量。

通过以上数据我们会发现，行业体量已经冲击到千亿元规模了，当下各类市场在加速垂直化发展，互联网泡沫消退的大环境下，某个领域市场规模能在百亿元以上就是个还不错的投资项目。

截至 2022 年年底，我国已接受过职业整理师培训的总人数超过 37000 人，同比上年增长了 94.74%；2021 ～ 2022 年全国新增职业整理师 18000 余人，同比上年增长超过 180%。互联网背景下，行业头部品牌与互联网教育结合，以"线上＋线下"结合的培训方式，让行业新增职业整理师依然保持高速增长态势。超过 4 成的整理师月收入超过 10000 元，面对目前已存在的 200 亿元整理市场规模，从业人员的缺口近 20 万人。随着整理市场的体量进一步增长，以及整理收纳服务与整理师能力的不断分层，整理师缺口将会达到近 80 万人。

通过上面的数据我们能看到，在行业体量快速增长的情况下，短期内高质量的从业整理师缺口是很大的。因为生活服务类的从业者本质上是传统手艺人，而手艺人的技能提升所需的时间不会因为市场体量的增大而加快，市场体量增加只会加速更多的人进入这个行业，但人们都需要时间来提升能够满足市场需求的技能。

2. 现在入局还有没有机会，市场集中度说了算

市场集中度（Market Concentration Rate）是对整个行业的市场结构集中程度的测量指标，它用来衡量企业的数目和相对规模的差异，是市场势力的重要量化指标。市场集中度是决定市场结构最基本、最重要的因素，集中体现了市场的竞争和垄断程度。

简单来理解就是看行业里有没有一家独大且占了一半以上的市场体量。如果有，那入局这个行业去挑战巨头还能赢的概率就比较小；如果没有，那说明入局做成行业前列的概率比较大。目前整理行业处于初级发展阶段，工商数据显示近三年新增注册的整理公司近 8000 家，增速很快，但真正成规模的不多。

虽然我们留存道目前是行业里市场份额暂时排名第一的机构，但到目前为止包括我们在内的几家头部整理收纳公司还没有出现一家单体全年 GMV（商品交易总额）超过 1 亿元的。这就意味着整理行业市场份额占比中，留存道的体量放在整个行业里占比还不到0.5%。所以整理行业集中度是非常低的，落地到各级城市的从业者集中度就更低了，几乎不会涉及竞争，入局机会是非常大的。

3.先发优势和后发优势

先发优势是指先进场的人获得了后进场人无法获得的资源，而且这些资源导致打赢对方更容易，或者说对方打赢自己更难。

整理行业的属性是生活服务，服务类的业务竞争力强不强主要是看用户的复购率，而复购率的高低与品牌、口碑强关联。所以在服务行业，谁先占领用户心智，获得用户信任，谁就能获得优势。

如果说你要找个保洁阿姨，你可能最先想到的是小区门口的家政公司，因为近而且每天都能看见，随时可以找到人，就在你身边，所以，在你的潜意识里家门口的家政公司是比其他公司更值得信任的。因此，整理行业在本地创业，先发优势就是在本地市场做第一个影响用户的人，这样成为第一个占领用户心智的机会是100%。

后发优势是指相对于行业的先进入企业，后进入者由于较晚进入行业而获得的先进入企业不具有的竞争优势，通过观察先动者的行动及效果来减少自身面临的不确定性而采取相应行动，进而获得更多的市场份额。

简单来理解就是别人先做了，那后进入的人最大的优势就是可以"抄作业"。前人做得好的说明已经被市场验证了的，那就不用犹豫全力投入去干。前人做得不好的，那就可以绕开少踩一些坑，少交一些学费。

比如，整理行业做得最成熟的模式其实是技能培训，因为前面有很多的人和机构搭建好了模式、内容和价格体系，也影响了市场中用户的认知，新入局的人只要照猫画虎就可以开张营业。

当然最大的后发优势是结合先入局者的优点和缺点，用创新的模式或方式去颠覆。比如，美团不是第一个做团购的，也不是第一个做外卖的，但现在它是最大的团购和外卖平台。

很多人不知道美团能从当年千团大战中脱颖而出的原因是什么。在所有团购平台采取卡券过期后就不能使用的政策的时候，美团第一个提出来"过期退"的颠覆行业规则的政策，只要团购券没用，即使过期了，一律可以退费。后来的故事大家就都知道了。

正如我写的这本书，目的是让即将进入整理行业的你少走弯路。也希望大家能够通过我的分享，去做更多的创新和颠覆，让整个行业通过我们共同的努力，越来越好。

二、整理行业商业发展三部曲

1. 培育市场

整理收纳是一个新职业、新服务。我在 2010 年刚入行的时候，所有的业务都需要亲力亲为自己做，每一家每一户都要自己跑。随着业务量的增加，一个人的时间精力是有限的，业务根本做不过来，那就需要更多的伙伴一起做，但人从哪里找呢？我于是开办了职业培训，这也总结了第三章提到的业务如何拓展的问题，是基于业务增加后，没有伙伴一起做才开展的培训。开始做培训的目的是培养能做整理服务的人，培训增加人才，解决的是供给关系中供不应求的痛点，这样的培训才能做起来，才不会本末倒置。

随着从业人员逐渐增多，视角更广阔，挖掘到的用户需求和痛点就越全面，随之而来就是有更多的一线数据支撑服务的升级迭代，市场从单一的衣橱整理衍生出全屋整理、搬家整理、新婚整理、新生儿整理、汽车整理等围绕不同阶段的、生命周期的、可持续一生的整理需求。

除此之外，也同时解决了市场认知问题，开始是我一个人在宣传，后来学员毕业了也会去普及整理收纳理念，慢慢就有很多人一起宣传，从 0 到 1，从一个人到一群人，直至发展到今天的市场体量。

通过培训整理师的过程来培育市场，让市场健康长足地发展。

2. 建立平台

整理行业经过十几年的风风雨雨，市场有了，从业人员多了，但服务质量却良莠不齐，收费乱象的情况愈发凸显。各种整理品牌，各种整理流派，行外人看来没有本质上的区别，也不知道该如何选择，缺少直观的对比和感受。所以，整理师需要有更多的机会被大家认识，客户也需要有品质保障的服务，因此，整理行业的第二个阶段就是建立平台，以服务为核心，既撮合用户和整理师，也把控服务标准和质量。于是，我们研发了集留存道服务、留存道课堂、留存道生活馆、留存道 e 课堂为一体的"留存道整理"数字化线上管理平台，招募全国优秀整理师作为全国各城市的合伙人，目前已经有 200 多位合伙人，全平台整理师人数达到 10000+，业务范围辐射全国 300 多个城市。

对整理师来说，在一个共同的平台上发展，践行着同样的价值观，整理师借助平台的力量，与平台一同发展，努力达成共同目标，为了共同的利益合作共赢。平台为整理师提供实现共同利益的必要资源，如，行业知识、业务能力、品牌价值、运营管理、周边产品、对应人脉等。大家是互相依附、共同发展的关系。每位整理师都有着自身独到的资源，而这些资源如果不能得到有效的整合，分散在各处，不仅会造成资源浪费，更加无法发挥出这些资源的优势及价值。平台可以作为资源整合的载体，将分散的、孤立的个体力量，有机结合到一起，形成一股合力，使个体整理师的力量转化为集体的力量、平台的力量，这样，不仅可以有效地发挥出每位整理师的优势，同时还能产生 1+1 大于 2 的效果。

对于行业来说，平台最重要的特征就是公开化，因为平台让客户更加简单直观地了解整理行业以及行业衍生的产品，站在互联网的视角，所有的东西都可以拿来作对比，我们可以拿淘宝天猫和京东作对比，双方的优劣势以及特点一目了然。同样，在整理行业做好连锁品牌的平台，消费者可以根据自身的风险偏好选择适合自己的平台消费，这就是公开化可以带给我们最直观的感受。这是一种良性的竞而不争的正向发展状态，我们都能通过平台了解彼此的发展过程，发现他人的优点及自己的不足，从而使行业得到更好的发展。

拿破仑最有名的一句话是"不想当将军的士兵不是好士兵"。无论打工还是创业，其实每个人都可以把自己看作是一个小平台，在做任何事情的过程中，都要有平台的思维模式与理念，通过与其他平台的融合，让自己的小平台一点点扩大，变成大舞台，将自身与更多的伙伴置于这个大舞台上，同创辉煌。

3. 营造生态

在当下的信息时代，信息高速发展、快速传递、有效融合，谁掌握的信息越多，谁离成功就越近。而若想掌握到第一手的信息，必然要借助平台的力量，平台越大，信息自然越新越精。

在发展平台的过程中，我发现了一些有趣的现象，前面第三章提到过留存道产品体系闭环，即通过单一产品引发消费者对其他需求的思考及渴望。我们本身是做整理收纳服务的，服务结束后，用户会对家庭生活方式产生一系列新的思考，进而产生新的需求，比如，哪种拖鞋更防滑，哪个品牌的电饭锅更好用，沙发区域要铺一块什么样的地毯，空白的墙上需要挂上一幅什么风格的画，全屋定制哪个品牌更可靠，哪个家政公司更值得信任等。虽然这些不是我们的工作范畴，但因为我们不仅帮助用户解决了家中的凌乱问题，同时改变了用户的生活方式，创造了美好的生活场景，用户更愿意相信我们推荐的家居好物。与此同时，越来越多的大家居品牌找到我们平台进行深度合作：有的品牌希望我们能够联动产品带入千家万户；有的品牌希望我们通过整理师的视角与品牌结合，设计出更符合大众需求的定制化产品；有的品牌采购我们的整理收纳服务或培训项目作为品牌的增值服务赠送给 VIP 客户，等等。

这时我发现，整理师如同是洞察每个家庭生活的传感器，我们渐渐地变成整个社会分工链条当中既有下游又有上游的节点，也是整理服务价值链中的一环（图 2）。

图2　整理服务价值链

通过整理服务的过程洞察用户的真实需求，并把这些需求传递给大家居品牌，从而设计出更多用户视角的产品。服务下游，链接上游，就像在用户和大家居产业中间架起的一座桥梁，做大家居市场与家庭需求之间的纽带，整合并营造商业生态，帮助市场准确地链接两者之间的供需关系，以不同的视角洞察新的需求，衍生出更多的增值业务，让整理平台、家居市场和用户之间都能够实现价值最大化、收益最大化。

整理师赋能大家居行业，营造行业生态，在帮助他人的同时也是在成就自己，能力越大责任就越大。

任何行业的商业模式都不是闭门造车，当满足了一个人的特殊需求的时候，就有可能孕育出一个新的商业模式，而商业模式也是可以裂变的。用一句话概括整理行业新商业模式的方法论，就是从最踏实、最简单的满足单个人的特殊需求开始。

以上内容可概括为整理行业商业发展三部曲，如图3所示。

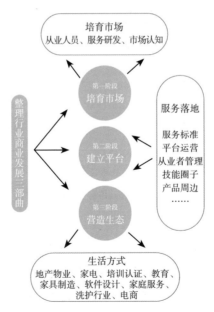

图3 整理行业商业发展三部曲

三、整理业态的边界

整理是什么，前面已经讲过很多，但整理业态的边界是什么很少有人思考，整理的目的仅仅是把物品摆放整齐吗？看到这里，你已经有了答案：并不是。

整理师真正的使命是打造美好生活方式，不是仅仅整理物品，整理只是手段和工具而已，所以，整理业态的边界是帮助用户打造美好的生活方式。

什么是美好生活？我们可以泛泛地说，是有宽松的经济能力，有健康的身体，有舒适的居住环境，有自己喜欢做的事，有独立充沛的精神生活等。但是，到底要怎么实现呢？

大家也听说过很多关于想提升生活方式、生活品质，但却出现很多审美偏差的故事和案例，比如，父母帮年轻人装修房子，老年人觉得特别好看，可是年轻人却觉得辣眼睛；再比如，社区要求统一款式和颜色的广告牌，结果却以闹剧告终。这样的案例还有很多。

我们都很想追求更好的生活，可很多行业都只有产品标准，并没有实用性的、感受性的、审美性的、对生活方式具象的标准，大众没有可参考性的指导和抓手。由于社会面缺乏对美好生活方式的具象展示，也就很难去提升全民意义的标准和审美。

比如家居生活，我出生在东北一个相对富裕的家庭，父母是东北第一批下海经商的商人。我家经历过一夜暴富，也经历过一夜破产。改革开放头几年，钱确实比较好赚，所以我从小就不为钱发愁。但我发现，钱多了，家却不幸福了，经济的发展让我们的国家近年来发生了翻天覆地的变化。改革开放初期，有数不尽的平凡人加入建设祖国的队伍中，其中不乏一些建筑工人，为建设祖国的高楼大厦洒下无数汗水与泪水。如今，国富民强，但随着国家经济的发展，人们内心的高楼大厦如何建设？教育不能只依靠学校，文明的发展需要在生活的方方面面体现，美好生活方式的传递在我心中变得越来越重要。

所以，我们要去探究一个命题：美好的生活方式到底是什么样子的？

为此，我把整理业态定义为"T型战略"（图4）。

纵向以整理收纳服务为基础，围绕整理专业，专注深耕垂直领域；横向以儿童、青少年、中年、老年，即人类生命周期为主线，进行全品类覆盖。

我在一本书中看到，"和喜欢的一切在一起。一件一件用品，搭建出你整个生活；一口一口食物，搭建出你整个身体。它们精良，你就精良。好的东西会让你努力成为更好的人"。生活是一个慢慢充实的过程，慢慢增加的物品，每一个、每一件都有着特殊意义，通过这样一个美好生活方式的传递，让大家把日子过得有烟火气，唤醒人们内心的情感，一起探寻简单、自然、质朴的生活方式。

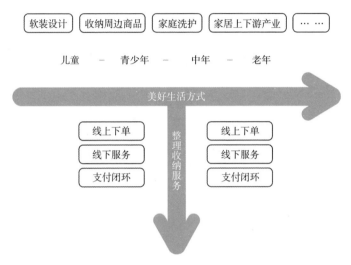

图4　整理业态的"T型战略"

我们有时候需要将自己置身到纷扰的世界之外去感受朴实的生活，从深层探究美好生活的真谛，让每一件小事儿都美好，让一切传递美好生活的理念、产品、服务以及常识、意识都能真正融入大众的家庭，成为美好生活的日常。

生而为人，我们不想平凡，虽无法投入到高楼大厦的建设中，但我们作为传递美好生活方式的使者，我期待通过整理师的传递，让每一个家庭都能认知到美好生活带给我们的改变。所以，自2014年起，我就开始畅想覆盖整理行业的生态平台，通过多年的思考与规划后，2021年"整秀"（整理师的秀场）平台应运而生。

它试图将整个行业大部分整理师的经验汇聚在一起，以滋养更多的人，温暖更多的家。

我们每个人都经历过失去生命中美好的人、事、物，所以我理解人们想把美好留下来的心愿。我当年职业选择的初心也是想这样帮助别人，留存生活中的美。在"整秀"平台上，有人行进得慢有人行进得快，但没有人会停下前行的脚步。因为，每位中国整理师都有着一个共同的目标，那就是去完成一件件平凡而伟大的工作，去营造一个个温馨又温暖的家，在成就自己事业的同时，帮助更多的家庭留存美好，用不将就的生活态度，改变一代中国家庭的生活方式！

四、整理行业发展趋势

趋势一：品牌化

品牌化是当今企业和个人必走的一条路，主要原因是品牌化所创造的价值是无法估量的，品牌化的发展路线基本成为当下的一种趋势。整理行业的品牌化包含两个维度：一是行业品牌；二是个人品牌。

1. 行业品牌

一个行业越来越成熟，消费者便会开始对比，对服务的提供者也会有更新的认知，无论大品牌还是中小微品牌，都必须做好自身的定位，不能因为品牌刚起步就不做定位，或只起个名字，只设计一个 LOGO，那不叫品牌。

品牌定位不是凭空创造某种全新的概念，而是找到存在人们心智中的认知常识。消费者能一目了然地了解品牌可以为其带来的价值和服务，品牌为用户提供了认为值得购买，符合其功能性价值或情感性价值需求的产品或服务，通过品牌视觉和营销策略将品牌价值传递到消费者的心智中，从而被消费者了解与感知。

从经济学角度来看，品牌化降低了顾客选择产品的时间成本和决策成本，一是顾客不用过多思考，二是顾客不需要到处搜寻。

留存道是怎样做品牌的呢？这里讲一讲我们的三个品牌关键词：体面的、有温度的、可信赖的，供大家参考（图5）。

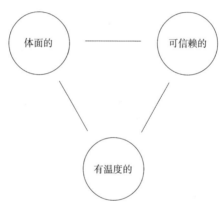

图5　留存道品牌关键词

（1）体面的

整理师做技能培训不是为了更好地赚钱，而是为了教会客户更高效地维护整理成果；整理师卖收纳好物，不是为了更容易获得客户，而是为了严选优质好用的收纳用品，能帮用户把好关，减少试错的时间和成本；整理师服务收费高，不是为了赚取高额利润，而是为了让客户在可承受的范围内最大限度地帮助用户提升生活品质。当然，整理师一定要会赚钱，但赚钱一定不能成为整理师的追求。所以，留存道的整理师坚守帮助用户提升美好生活方式的使命，坚信为此付出后，收益一定会到来，从而为用户创造更多的价值和惊喜，是体面的。

（2）有温度的

整理师最难专注的不是技术，而是角色定位。我们能看到太多的整理师在从业过程中逐渐缺失了定位。整理师的角色不能简单地归为产品和服务的提供者或咨询顾问，因为多数时间两者都需要整理师去做。如果定位为纯粹的服务提供者，时间久了，就会缺失说服用户尝试改变的话语权，丧失把控整理方案和结果的主动权。那么最终就会丢掉整理师的最大价值，沦为劳动密集型的代劳型服务者。如果定位为纯粹的生活方式咨询顾问，没有服务效果的加持，顾问建议就很难被客户落地和信服。时间久了，就会沦为贩卖焦虑的营销大师。

仔细想想，你的生活品质除了家人会无私关注外，还有谁会关注呢？是的，只有最贴心的朋友才会如此。所以，留存道对整理师的定位是成为客户最贴心的朋友，不错位地为客户提供价值最大化的整理服务，不越位地帮助客户建立最适合的生活方式，不缺位地随时作为朋友补位客户的所思、所想、所需，是有温度的。

（3）可信赖的

我们坚信钱是换来的，不是赚来的。在整理行业发展过程中，有人发现培训成本低，利润高，就去搞培训，结果没服务经验和背书，培训搞得一塌糊涂；有人发现整理师带货更容易，于是专注搞直播带货，但因为没有过硬的内容和经得起实用验证的产品，导致无人问津。其实整理师的赛道不是一个具象的服务或产品，而是一种态度，是一种只要能帮客户提升生活品质、改变生活方式的事我都要做好的决心。所以留存道整理师在形象传递、知识传递、价值传递、商业逻辑、生活方式传递等维度，都会以客户为中心，站在用户的视角去考虑问题，是可信赖的。

2022 年，留存道与中国物业管理协会社区生活服务委员会签订战略合作书，为什么物业公司会选择与留存道品牌展开合作呢？起因是基于国家政策的支持和资本的进入，促使物业公司大力发展可满足业主实际需求的增值服务，而中高端社区和高净值人群对于服务品质和专业度的要求很高，很多小微品牌的体量无法满足全国物业市场份额及品质要求，所以整理行业中品牌和知名度较高的企业是物业公司的首选合作机构，这也是源于留存道多年的品牌传递已经让更多的人认可品牌价值的结果。

2. 个人品牌

很多新晋整理师通常会忽略个人 IP 的打造，这不关乎你是否有人脉，是否有资源，其实每个人都有自己的私域和圈子，新晋整理师需要做的就是利用各自的私域（可直接拥有的、可重复，低成本甚至免费触达的用户）获取第一批种子客户。通过优质的服务，培养忠实客户，提高复购率和转介绍率。相比传统服务业，整理收纳行业拥有极高的复购率，如搬家整理的客户复购率高达 87%。据 2022 年整理行业"白皮书"的数据显示，年收入在 50 万元以上的整理师群体，大多数都是从打造个人 IP 做起，目前已经从私域到公域逐级扩大，获取了更多的流量。通过打造个人 IP 或团队 IP，扩大影响力，增强变现能力。如何打造个人 IP，前面有详细提到，这里不再赘述。

值得参考的是，在 50 万元以上高收入整理师群体中，2021 年平均每周直播频次为 0~1 次，进入 2022 年平均直播频次集中在 1~2 次／周，其中 4.5% 的更高收入从业者保持着 3 次／周以上的直播频次。通过直播的形式传播个人或企业品牌价值贴近消费者的方式，在整理行业逐渐兴起。

趋势二：垂直化

垂直化是指纵向延伸，在一个大领域下，垂直细分出不同的小领域，而不是横向扩展。细分则是在垂直行业板块里面，再挑选出主要的业务深度发展。

以我曾经从事的舞蹈行业为例。舞蹈是一个垂直领域，可细分为民族舞、国标舞、芭蕾舞、当代舞、古典舞、爵士舞、肚皮舞、钢管舞等。细分类的舞蹈在短视频平台上增长明显，也更容易得到各舞种细分需求者的精准关注。

从整理服务的业务来看，目前细分尚未明确。我刚起步做整理的时候，选定衣橱整理领域，也是基于想明确业务的定位，抓家庭凌乱的主要矛盾区域并深耕下去。随着这么多年的发展，衣橱整理依然是留存道服务体系中最核心的业务，其次是全屋整理、搬家整理等不同领域的服务。多年来，我培养了很多从业者，大家也不同程度地认识到细分的概念并付之行动。目前服务细分领域比较明显的几类有（包括但不限于）：衣橱整理、网红博主整理、心灵咨询类整理、遗物整理、生前整理、亲子整理、工作室整理、办公整理、搬家整理等，但每个领域的人才寥寥无几，大部分整理师都专注在多领域的全屋整理业务范围，致使各细分领域都没有特别凸显的领域专家。

从整理师培训市场出发，需要更关注和提升课程的实用性及课程服务质量，课程内容须更加细分，从而满足不同需求下的课程体系。目前培训细分课程比较明显的有亲子教育、生活兴趣、从业创业、能力进阶四大类课程体系，比如（包括但不限于）：5～7岁亲子启蒙课、6～12岁好习惯养成课、12～18岁创意思维课、成人自我提升的人生必修整理课、职业整理师技能班、家居空间改造课程、整理服务项目运营课程、整理界精英创业MBA班、整理师商务演讲提升班等细分课程类目。

无论中小学生整理收纳的教育还是国人的整理意识，中国的整理风潮已悄然兴起。虽然近些年整理师从业者逐年增加，但相对于从业者基数而言，目前整理收纳师还属于小众职业，远无法满足各区域服务市场需求，区域竞争压力相对小，这也是未来几年整理行业发展的新趋势。建议新入行的整理师，找准自己最擅长的定位，深耕下去。

趋势三：多元化

2022年中国整理行业"白皮书"，通过对连续3年收入保持在50万元/年以上的整理师群体进行调研分析，发现这类高收入整理师不再仅限于整理服务单一品类，已逐渐形成集整理服务、教育培训、收纳/家居产品、市场活动四大收入板块，其中整理服务依然是收入占比最大的模块，也是其核心业务。

客户基于对整理师服务的认可，除了空间规划改造和收纳服务外，还会衍生出诸多围绕家具类及软装类需求让整理师协助完成，促使近些年整理师来自收纳/家居产品的收入持续提升（图6）。高收入从业者擅长围绕核心业务，通过专业化服务持续为客户创造价值，已形成相对稳定的人员架构和较多元化的运营模式；从整理服务业务出发，其可并行完成5个甚至更多家庭的整理服务项目；依托标准化流程和服务人员体系，在保证服务质量的同时可以进行资源的灵活调配（图7）。

图6　整理服务衍生出的服务类型

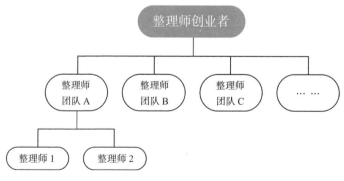

图7　整理服务人员结构

趋势四：差异化

牛顿商学院营销学教授曾说过：差异化不是一种战略，而是一种思考方式，一种来自倾听、观察、吸收和尊重的思维。成功的差异化思维给予品牌更多机会，使其在市场上更有竞争力。

随着后疫情时代各业态的逐渐复苏，整理服务市场将进入全面复苏期；以"80后""90后"为代表的新一代主力消费群体崛起，对于服务体验和美好生活方式的追求，将激发"整理收纳服务"更大的市场潜能。整理师越来越多，同质化越来越明显，每位整理师都想做出差异化。通过这本书的内容，了解整理行业的人已经看到了留存道在行业中的差异化，这里总结一下做差异化大家可能会陷入的三个误区。

误区一：制造假想敌

差异化从来都不是在一个维度内比较，不是我要比谁更好、我更有特色、我更特立独行，差异化是一种思维方式，是从市场需求出发，让创始人在市场中保持清醒的头脑，保持明确的边界，确定自己在发展中不做什么比做什么更重要。差异化是基于当下能力的策略和方法，少制造假想敌，多看自己，多帮消费者想。差异化不是为了竞争，而是为了避免竞争。

误区二：打价格战

价格战的本质是牺牲利润赢得短期市场，长期价格战必然导致没有充分的利润投入到服务研发、品牌培育、产品迭代等核心能力中，成本过低，服务品质自然跟不上，客户口碑也不会好，从长远来看，会形成恶性循环。打价格战就意味着做低端，你便宜，其实还有人出价比你更便宜。当一个市场高歌猛进的时候，那些打价格战的短视主义者会一直都在，但高端产品一直不会被影响。陷入价格战的本质原因是产品的独特性不够，需要重新审视产品定位、产品体验，塑造产品的差异化价值，只要你保持创新，自然会走出一条属于自己的路，做长视主义者，做有竞争力的差异化，才能在市场上走得更坚实，更长远。

误区三：踩同行

做生意最忌讳背后诋毁同行，耍小聪明在大客户面前是没用的，他们更看中企业的信誉和实力，还有服务者的人品。只有不自信的人才会通过打压别人来提高自己的地位，这样不仅买卖丢了，你的人品和信誉度也丢了。做生意和做人是一样的，自己发光发亮就好了，何必去吹灭别人的蜡烛呢？越是厉害的同业高手，越会促进你更快地进步，同行不仅仅是对手，更像是老师。

趋势五：数字化

数字化运营指通过互联网技术和数据能力，重新对传统行业的各个环节进行量化，提升运营效率、降低人力成本、提升用户价值、驱动业务创新。数字化在服务行业并不新奇，比如滴滴打车、美团外卖等。数字化的核心不是做软件，而是为运营而服务。

留存道从 2015 年开始，逐渐将相关业务向互联网数字化转型，2021 年完成全面数字化运营，至今仍在不断迭代。因为有了数字化运营，有了客户服务系统、学习系统、合伙人管理系统、数据分析系统等数据化支持，使得留存道这几年增强了可持续创新的能力，同时降本增效显著，组织迭代稳定，通过数字科技改变组织的运作方式，利用机器和数据进行组织管理，不断地试错，不断地迭代，不断地创新，不断地进化，努力创造更好的组织价值。

整理行业需要把握数字经济发展机遇，利用互联网平台吸引新客户、沉淀老客户，同时利用互联网进行企业流程优化、降低成本、做好品牌建设、开发闲置产能，从而推动整理行业更加精准垂直化服务。

附录 2

整理师说

我的整理师之路：想要，就去创造

我叫存美，是一名兼职整理师，是两个男孩的全职妈妈。我出生在四川邛崃的一个大山里，从小对于打造温馨的家有一份向往，大学毕业后定居深圳，在医院上过班，在企业做过 HR，最后，遵从内心选择做了一名自由职业者。

平时喜欢用美图和文字记录自己的生活，目前主要在家做线上陪伴整理，进入整理行业两年半，截至目前陪伴了 600 多名学员和客户整理好自己的家。

在成为自由职业者之前，我有过 2 年的全职妈妈的经历，在家只是带孩子做饭，自我价值感越来越低，一度陷入迷茫。

一张照片，让我知道了"整理师"的存在

2020 年 3 月的一天，我发了一张整理衣柜的图片到一个学习群，群主和我说："存美，我看你整理做得挺好的，很有天赋，你可以去尝试做整理师这个职业。"听到"整理师"这个名字，心里暗喜了一下，原来还有"整理师"这个职业的存在。在迷茫之际，

"整理师"这个词点燃了我。

正所谓"念念不忘，必有回响"。我各种打听，通过朋友链接到了在企业做沙龙的整理师杰子和小米，翻看了她们的朋友圈后就在想：天啊，能将工作和生活融为一体的职业真的存在，这不就是我向往的生活吗？那一刻内心好激动，暗暗告诉自己，我一定要去学整理，我也要像杰子和小米那样闪闪发光，我想在家带孩子的同时也有一份自己的收入，想要拥有更多的选择权和更好的状态。

我是一个月光族，平时自己是不存钱的，在向老公要学习整理的学费时，刚好被儿子听见，儿子就借了他的压岁钱给我去上课，当时我内心就在想，一定要突破现在的自己，让自己绽放，必须给儿子做个好榜样，找到职场时期的那份自信和从容。2020 年 5 月 1日，我如愿走进了学习整理的课堂，开启了整理师之路。

从零开始做累积，用文字持续为自己发声

学习完整理后才发现，优秀的整理师特别多，自己的优势似乎不太明显，进入一个新的行业，我开始有点慌了，不知道怎么去挖掘客户，不知道怎样才能做到像资深整理师那样从容。我知道自己起点低，经过深度的思考后，决定与成熟的整理师团队共同发展，和大家一起往前走，而没有选择自己一个人从零开始。

成熟的整理师那么多，作为一个刚入行的新人，我首先思考的是，成熟的团队为什么会接纳我，我有什么不可或缺的能力，我的加入，可以给团队带来什么样的新鲜血液，让团队认可我，接纳我，同时能够让自己在新的职业中发光发热，实现自己的

价值。

我把自己做 HR 时练就的"赋能和记录"的优势发挥了出来，为自己争取融入团队的机会，成功加入了整理师杰子和小米的整理团队，从最基础的小事开始做，先从记录开始。每一次参加入户整理，我会把组长告诉我的整理小技巧和流程记录下来，会写一篇整理日记来记录自己的收获和成长，会写项目复盘总结，把觉得做得好的地方和一些建议发给团队负责人，也会记录自己入户整理的小区情况、服务的家庭情况、我负责的区域情况、整理的周期、成员等信息，就这样一家客户接着一家客户地记录着，一直到现在。

还有一件小事我也坚持了 2 年多时间了，那就是写原创朋友圈。自从被"整理"这个词点燃后，还不是整理师的我就开始在自己的朋友圈发与整理相关的信息。在走进课堂成为真正的整理师后，我就站在整理师和整理体验者的角度，每天在朋友圈写原创文字，传播整理理念，直到现在。

因为一直都在用文字记录我的生活，在朋友圈和公众号上记录自己的所见所闻和我的成长点滴，很快，我就被越来越多的整理师伙伴知道了，很多人也开始写起了公众号，用文字为自己发声。虽然很多整理师伙伴没见过我本人，但是大多知道有"存美"这个人的存在。行业外的好友也因为我持续在做整理，就把我介绍给了身边的朋友，慢慢地，就有了一些学员和客户。

所以，进入一个行业，就算自己是零基础也不要怕，只要给自己时间，只要不断做累积，不断为自己发声，迟早会被看见的。

在关键期遇到"二胎"，上天给我关了一扇门，却开了很多扇小窗

在我进入整理行业 8 个月，我的整理事业逐渐向好的时候，我发现自己怀了"二胎"。那时的我，又喜又惊，喜的是，我终于实现了二胎梦，又收获一枚爱的种子；惊的是我正在开始做组长，马上就可以做服务项目领队，二胎来临意味着我要踩下急刹车，回归家庭，继续做原来的自己。很庆幸当时的我并未迷茫，带着心中对整理事业热爱的信念，一边遵医嘱养胎，一边用文字和图片继续传播整理。

在这期间，公司刚好有开设线上整理师培训课程，需要助教老师，我就申请做了助教。记得那一期带了 300 多名学员，审批学员规划图纸的作业看到快"走火入魔"了，这一次的助教经历让我看图纸的这份技能得到了火箭般的提升。后来，我又被邀请做线下整理师培训的助教，负责在课程结束后陪伴他们完成家庭作业，陪伴 200 多名同学完成家庭作业实操，也参与了团队新课程的研发。

2022 年，我牵头研发了"线上陪伴整理"的服务项目。很多人很好奇，问我是怎么想到去做这个项目的，其实这不是计划出来的，是"长出来"的。

一次偶然的机会，遇到一个读书会的同学，她不知道怎么动手整理自己的家，当时灵光乍现：虽然我现在不方便去客户家做服务项目，但把这份技能通过线上的方式去落地，也是一种创新的模式。于是，"线上陪伴整理"的服务项目启动了。之前的从业经历

使我在"线上陪伴整理"项目研发的过程中得心应手。

最开始，我自己尝试着推广，到现在全国各地的整理师都相继开展了这项业务，在成就自己的同时也成就了他人，让我更加坚定选择成为整理师。

对于一个全职妈妈来说，可以在家带孩子，偶尔可以上门参加服务，可以在线上陪伴客户做整理，可以把工作和生活融合在一起，并且遇到了一群价值观一致的整理师伙伴，自己喜欢的那些小美好都可以变成整理的一部分，家人也很支持我做这件事，真的是觉得幸福感爆棚。

全职妈妈，我们可以有很多种可能性

很多人都觉得自己的家庭状态是一地鸡毛，完全没有精力学习和做自己的事。问我是怎么一步步从迷茫的全职妈妈到既可以带孩子，又可以做整理；既可以有一份自己的收入，还活得那么绽放。

我感觉"记录和书写"的习惯在我的生活里发挥着很大的作用。尽管自己不是写文章的高手，但因为有记录的习惯，我用文字记下了很多的经历和故事，它们让很多新进行业的整理师伙伴看到了希望，也让我迅速被全国更多的整理师们所认识。

2018 年，我虽然停下了工作，但是有一件事是没有停下来的，那就是学习。我一直都在参加付费社群的学习，泡了 4 年多的社群。

怀二宝的那一年，每天的线上学习时间大概在 3 ～ 4 小时，也是在那一年，我建立了自己的"存美能量库"，把自己的经历、学

习的课程、拍过的图片、看过的书、做过的菜等整理到我的能量库里，找到了物品整理与自我价值整理之间的关联，把整理的思维用在了生活的方方面面。

现在对我来说，整理除了是创收的技能外，也成了我的一种思维方式，已经和我的生活融合在了一起。对于我自己来说，一路上我虽然缺的东西挺多的，但是我没有选择放弃。我始终坚信：不会就去学，没有，就去创造就好了。

存美

留存道营销合伙人

IAPO 国际整理师协会深圳分会理事

资深空间管理师、资深整理收纳师

30岁选择离职创业的整理师

我是上海整理师千晴，从业 6 年，从一名独立整理师到拥有了自己的整理工作室，再到成为留存道上海分院的副院长，一路我蜕变成了更好的自己，实现了年入百万的收入目标，目前团队有成员30 余名，并且还在逐年扩大。

从业至今，有很多整理师在关于如何从零开始入行的问题上，拿不定主意，这个问题曾经也困扰过我，我也走过很多弯路，这里总结了一些我的经验，分享给大家。

很多整理师从业后都有一个困惑，是进行个人品牌创业还是和连锁品牌一起创业？以我多年的经验来说，这两条路没有对错之分，主要是你要清楚自己想要什么，是想做小而美，还是想做大而强。

2017 年，我学完整理之后，自己开了一家个人工作室，创立了自己的整理收纳品牌，也没有给自己定很远大的目标。那时候就想一个月里有半个月的时间做整理，剩下半个月就出去旅行，顺便做做代购。这样的生活，我很满足。

随着知名度的增加，越来越多的人知道了我的品牌，订单也接踵而来。当我想去接更多单的时候，发现团队里没有可以独立谈单并负责团队运营的领队，有的都是一线技术型整理师，所以每单我都要全程跟进，包括与客户沟通、物料采购、照片拍摄、资料整理等。我的精力有限，每单服务时长 3 ～ 5 天，一个月最多接 4 ～ 5 单，时间就很饱和了。

这时候就想到要去做培训，培养更多的优秀整理师，留用后形成一个良性的发展，但发现自己的精力依然有限，在兼顾服务和培训时，无法全身心地带团队，培养出来的整理师只能作为整理服务小助手，达不到领队标准，最终订单还是无法脱手。随之而来的是全国各地的订单，更无从下手，也忙不过来，只能联系一些各地不熟悉的整理师，推单给他们。相信大家已经可以预料到结果，没有严格的质量把控，服务结果参差不齐，导致高频的客户投诉，最终也影响了辛辛苦苦建立起来的品牌声誉。

这种状态持续到 2018 年年底，也是我自己创业整 1 年的时间，看到曾经学习过的全国连锁整理机构招募合伙人的公告，我对自己独立的创业状态开始有些动摇，于是报名了合伙人大会，可签约的那瞬间，我还是做出了选择，觉得自己再咬咬牙坚持一下，万一就成功了呢，于是放弃了签约合伙人的机会，坚持了自我创业的初心。

可想而知，我前面提到的问题并没有很好的解决方案，问题一直反复出现，每次准备课程、沙龙，也都会占用大量的时间和精力，服务就必须缓一缓，所以这个阶段，赚点零花钱没有问题，但是想做大就会发现越来越难。所以，当 2019 年再次有成为品牌城市合伙人机会的时候，我就没有再犹豫，第一时间报了名。成为合伙人之后，因为有了之前服务的积累，再加上品牌完善的管理体系支持，我不再为自己研发课程、自己做课件、自己研发服务品类、自己采购收纳用品等琐碎事情而烦心，只需要专注做自己最擅长的业务就好。很快，第一个月服务订单量就翻了一倍，第二个月我申请了教育合伙人，在上海开设了第一期的技能班，第三个月晋升成为副院长。

成为合伙人之后，我在工作上节省了大量的时间和精力。第一，品牌机构有成熟的课程体系直接赋能给合伙人；第二，在服务的细节和流程上，品牌机构也已经帮我们整理好，自己不需要再花大量的时间去摸索。比如关于整理服务的收费标准，在个人创业阶段，我按小时，按平方米，按天数，按空间，尝试着哪种收费方式是最合理的，一直在不断尝试、摸索、试错，但有了品牌的支持，有团队多年的从业经验和教育经验，这些都不再是问题。

在分享和宣传上，个人创业和品牌创业也有很大的不同。个人创业的时候，能分享的内容非常单一，只有自己团队做过的案例。因为案例数量有限，所以分享的频率也很低。有了品牌背书后，整理案例素材是全国共享的，全国的案例都可以转发，这些案例整理师看到后可以增加经验，客户看到后会从中找到灵感，增加了我们谈单的概率，体现了连锁品牌的规模，增加了客户信任度。

曾经个人创业的时候，我的服务均价是每单 3000～5000 元，有了品牌背书后，拓客的圈层得到了质的提升，我开始接触到了博主、艺人、企业家，服务单价也从 1 万元提升到 5 万元甚至更高，这让我再次看到个人力量与集体力量的悬殊。曾经小小的工作室，无论多努力，都达不到很好的信任度，转介绍率始终不高。但随着品牌信任度的增加，我们借由集体力量提高转化率，信任度完全不一样了。

记得当年，有一家还不错的公司想找我做整理收纳顾问，但是在准备录入他们的供应商系统的时候，因为自己的公司刚刚成立不久，资历不够，流水不够，达不到供应商的标准，只能错失这次难得的机会。而现在再和其他公司谈及合作的时候，结果就截然不同了。

跟品牌一起创业后才明白，这样做并不是放弃自己的创业梦想为别人打工，而是借助品牌的力量成就自己的创业梦想。品牌的荣誉、品牌的成绩、品牌的背景都是我强大的背书。对于我来说，这些不但没有对我产生限制，还为我节省了精力，让我能够更好地施展拳脚。就像所有的星巴克都叫星巴克，所有的麦当劳都叫麦当劳，每一家店的经营者，都像我一样，在借由品牌的力量成就更好的自己。

除了以上这些，在带团队问题上，我也经历了不同的状态。个人创业阶段，一开始想的是自己怎么舒服怎么来，没有压力，也没有负担，但我忽略了人是有欲望的。随着订单的增加，促使我从顺其自然的创业状态转变成要作为事业去发展的心态，这样的转变就意味着要增加团队成员，不再仅仅想着是自己怎样，而更多地去思考怎么让团队成员更好，他们更好，我才会更好，使命感也油然而生。

越努力越无力，是我最终选择跟随品牌创业的一个重要因素。因为自己之前没有创业经验，从创业小白到成为有经验的创业者是需要一个过程的，怎么才能加快这个进程？就是找到好的组织，少走弯路。集体的力量是强大的，品牌机构会有专门的人负责全国各个城市合伙人的管理，有任何问题，在任何时间都会给予我们帮助。全国的合伙人也非常团结，互相分享从业经验，从接了某个单子遇到问题的分享，到接到了某个地产、全屋定制、物业项目等及沙龙活动或品牌合作怎么谈判等，在品牌的平台上，都会有相应的资料可以参考。我们每周也会有团队内训，比如新开发的业务模块、服务的细节讲解、新增的整理师技能知识的补充等。

我们合伙人每周会统一进行学习，再和自己团队内部的小伙伴做分享，让每一个团队成员都得到提升。团队的小伙伴也从曾经只想着把基础的事做好，到现在每个人都能够引发思考，并且通过自己的努力拿到结果。看到团队成员一点点成长，我逐渐意识到集体的力量可以带动每个个体成长，这就是组织的力量。

从一开始的一个人，到现在团队30多人的规模，这在我个人创业阶段是不敢想象的。但现在，你能看到很多优秀的前辈，他们也是这样一点点做起来，然后给我们铺路，给我们指引。所以没有什么不可能，只看你想不想做。

在不断成长的过程中，我遇到了志同道合的整理师 Nicole。我们同一期申请成为留存道上海城市合伙人，通过彼此不断地了解，加上后期的沟通、接触，我发现大家的想法和目标是一致的，后来我们从两个团队合并成一个团队，成为彼此的事业合伙人，开启了1+1大于2的创业模式。

回到最初的话题。如果你想自己创立品牌，就要经过不断的磨砺和试错，经历无限摸索的过程。最终是做成小而美，还是像我一样看见不一样的自己，从而想做强做大，成就更好的自己？不是说自己创业就不能做到更大更强，而是要付出比常人更多的努力，而我选择站在巨人的肩膀上，用最快的速度成为更好的创业者。这两条路如何选择，是需要每个想要创业的人深度思考的问题。

我一直觉得自己很幸运，在 30 岁的时候就能找到自己喜欢的事业，并且能和一群志同道合的小伙伴并肩同行。这份事业也让自己的内心更充盈，更懂得爱生活、爱自己、爱身边的每一个人，而且我也能感受到给予别人帮助时的那份愉悦。

30 岁成为整理师，让我的人生发生了转折，让我看见了不一样的自己。

千晴

留存道上海分院城市副院长

IAPO 国际整理师协会上海分会理事

资深空间管理师、资深整理收纳师

Ladymama、Stellaluna、Cookbook、一米市集御用讲师

入户整理家庭超 300 个，整理收纳长度

超 2000 延米，经手整理的物品价值超 1 亿元

心中有梦想，就可以不惧年龄

　　我是整理师徐京，今年 43 岁，曾经是一名外企管理者。2017年从外企辞职，选择整理行业作为事业的第二个起点，一路到现在。跟所有创业者一样，我也从刚刚开始的行业小白，一步一步做到现在，在成都拥有近 50 人的整理师团队。

　　刚开始做整理时，一个人身兼数职，既是设计，也是宣传，更是木工，还是搬运工和司机。当时的我特别想接服务，又特别害怕接到服务。一方面想要赚钱，另一方面是因为自己没有工作伙伴，一旦遇到大单，仅靠一个人的能力很难完成。恰巧，我的第一单就是一个 7 米的衣帽间，而且柜体很多地方都需要拆改，工作量巨大，当时我联系了几名成都本地整理师，有了与其他整理师第一次合作的体验。在分别跟不同的整理师合作一段时间后（因为是临时的合作，很难做到服务标准和价值观的统一，在服务的过程中也出现了不太好的服务体验），我开始有了拥有固定团队伙伴的迫切需求。

　　随着订单量的增加，对行业越来越了解，对整理服务标准我也有了新的想法。整理这件事，不是一个人可以完成的工作，需要一个完整的团队，每一次的服务都要高效且标准统一，这就需要一个成熟稳定的队伍。于是，我开启了疯狂寻找合作伙伴的阶段，跟可以链接到的每一位整理师去分享我对整理行业的理解。在陆陆续续谈了近 10 人以后，终于遇到了创业路上最重要的那个人，她叫珊珊，是一位标准的成都姑娘，表面上看着云淡风轻，实则内心非常强大，10 岁的年龄差，并没有成为我们之间的鸿沟，而成了彼此的盔甲。

找到珊珊后，我们一起寻找客户，一起推广，一起服务。那时的我们但凡能签下一个客户，都会为彼此的成功击掌喝彩。两个人合作效率很高，半个月的工作收入就能获得原来在外企的同等收入，这样的收获对当时的我们来说是非常满意的。

大半年后，我们遭遇了收入瓶颈。业务的需求在提升，但因为人手的限制，我们无法做到同时承接多单业务，月入 10 万元是当时我们团队收入的天花板。如果人效不提升，我们将永远无法突破10 万元的天花板。这也让我们再次看到了市场的机会，心里有了更高的目标，想通过改变获得更高的收益。

因此，我们开启了大规模扩容团队和培养团队成员的历程。从刚开始寻找领队，培养领队，到后来招募小助理，配合领队，再到现在洽谈事业合伙人，扩宽市场，我们一步一步朝着自己的目标在努力着。可能大家会说我们的运气很好，碰到的每一位伙伴都是那么得棒。而我想说的是，其实我们每个人可能不是最优秀的，但我们聚合在一起就会了不起。

新手整理师刚进入团队的时候，以兼职的身份开始磨合，以日薪结算，在磨合的过程中选拔优秀的整理师留用。我们的第一位全职整理师是一个瘦瘦小小的姑娘，名叫石悦。在磨合的过程中才发现，柔弱外表下的她竟然拥有无比强大的力量。

我们当时也不懂得怎么用人，管理也没有章法，无论是激励政策还是工作方式，想到什么就用什么。有很多管理方式用了一段时间后觉得没有达到预期想要的效果又开始调整。幸好我们遇上的是石悦和一群支持我们的整理师伙伴们，也是因为他们足够的信任和包容，给了我跟珊珊不断成长的空间。

随着业务的发展，团队成员也越来越多，想要留住优秀的伙伴，只是简单的日薪体系逐渐受限，我们开始考虑团队的年度分红。参与分红的机制很简单，整理师的入职年限和当年参与服务的时间分别乘以相应的基数，就可以获得对应的年终奖。记得第一次年终分红时，石悦是当年唯一一位获得年终分红的伙伴，我们特地把奖金换成了现金，在一次年度大会上，当着大家的面将厚厚的一个装满现金的信封给到她，既感谢她一年的辛苦，也激励其他伙伴来年一起加油。

随着团队成员的不断扩大，新的问题也开始出现。在服务时，领队只专注于服务质量，不关注成本效率，人员增加的同时，成本也大大增加。为了解决这一难题，我们开始尝试新的管理模式，完善项目责任机制和薪酬体系，让领队对项目执行中的成本控制和人员安排负责。在确保服务质量的前提下，践行成本效率，项目成本越低，收入越高。

经过一段时间，数据显示，基本上所有的服务，领队除日薪收入外，都能获得项目的奖励。有的领队在一次服务项目中拿到的项目奖励比自己以前的月收入还要高，服务质量和服务口碑并没有因此而下降。这次管理模式的提升，让团队发展变得越来越正向，团队凝聚力也越来越好。

团队从只有我一个人发展到现在，已经拥有多名优秀的领队，可以同时承接多个家庭的整理服务。我跟珊珊也可以完全脱手，专注于做好团队建设，由领队直接负责现场的管理和执行。

我们在创业的这条路上一直不断地尝试变化，拥抱变化，因为我们知道，只有改变才能让我们成长，唯有改变才能越来越好。

这就是我们团队成长的故事，也是我们每一个整理师的故事。整理收纳在中国原本就是一个全新的创业项目，进入行业以后的我们也在跟随行业一起成长。我一直坚信，每一个人都有自己的闪光点，我们只是需要一个机会，让自己发光而已，你找到了吗？

如果没有，可以试试整理行业，如果已经进入整理行业，也请你跟我们一起努力，共同创造中国整理行业新的辉煌。

徐京

留存道成都分院城市院长

IAPO 国际整理师协会常务理事

四川大学、香港置地、蔚来汽车、言几又、

平安保险、江苏银行、宜家家居特邀讲师

成都市中小学"收纳进课堂"公益活动发起人

整理服务超 800 个家庭

将热爱的家居日常做成事业

我是厦门整理师晓可，在接触整理收纳之前，我是一名有 12 年丰富经验的"全职太太"，有两个可爱的女儿。

因为受母亲的影响，我是个狂热的整理爱好者，井井有条、遵从秩序让我觉得很治愈，但一边兼顾大宝的学习一边全方位照料二宝却让我有点精力不济，加上二胎的到来使家庭物品数量呈几何级数增长，我常规的整理似乎于事无补，这让我很焦虑。而另一个萦绕在我心头的焦虑是，面对孩子一天天的成长，我与社会脱节的身份真的能让我很好地看护孩子成长吗？我对她们以后的选择可以承担指导作用吗？

为解决种种彷徨，我需要找到一个突破口，对，一个突破口。

2019 年 7 月，我踏上了自我成长之路，穿州过省的学习让我从入门者渐渐变成整理收纳的导师，也开启了自己对整理收纳传道授业的旅程。在入行的第一年微信好友仅仅 500 + 的我，通过线上线下结合的分享形式，穿梭在厦门、广州、南京、深圳、杭州、成都、重庆等城市传播整理收纳知识，完成了数百场沙龙活动分享，也因此吸引了近 200 位专业课程的学员，帮助了近万个家庭改善家居环境。

对于整理收纳，我一开始的想法，是单纯想和大家分享一下这里面的精髓，帮助大家更好地去理解生活、优化家居环境。但随着学生的增多，我也开始思考关于聚集人才、壮大团队、规模化运营这些事儿，和专业的人一起做专业的整理收纳。

定制化内容，撬动用户转化动机

好的课程和优质的服务是扎根整理收纳行业很重要的门道。但对于一个朋友圈人数仅 500 + 且刚入行的全职妈妈来说，这两个方向都还是远了些。所以在最初我选择了做沙龙讲师这种"曲线救国"的方式，有了沙龙的开展就等于有了触达客户的机会。在快节奏、轻咀嚼的年代，能够触动用户、把握流量的，永远都是有价值的内容。所以无论是创作还是传达，只有贴合其需求、解决其痛点，才能达成传播知识并且带来商业的转化。

每次开展专题沙龙，我都会花时间去做调研，针对听众去做用户画像分析，再提炼关键、编写定制化的内容。像是面对金融行业的工作者，我会事先与身边的该类型从业者去沟通，了解他们的办公日常，在确定以"效率提速"作为我们想要推进的目标后，便从结果倒推行为，归纳出适合于他们的整理收纳技巧，类似流程文件的可视化整理、大客户档案的标签化管理以及柜台整理的"黄金三原则"。这些有针对性、极具象化的方法在沙龙分享后，得到了很高的评价，同时诸多听众申请参与更高阶的培训，或者寻求我们服务的帮助，实现了高转化。

定制化的形式除了使内容更有针对性、知识转化更高效，更让听众感受到了我们的专业和用心。在千篇一律的整理收纳沙龙当中，我们以定制化沙龙作为自身标签，区分市场、细分人群，小小的巧思足够撬动用户实现转化的动机。

场景化展示，知识传播更立体

都说三年入行，五年懂行，十年称王。做整理收纳的第三年，从一个人的我，变成了拥有团队的我们。我和伙伴们决心将整理收纳这件事作为终身为之奋斗的事业。究竟如何才能在这个行业内站稳脚跟，做出差异化，都是需要我们去用心思考的问题。

过往的三年，我们深深地感受到整理收纳的魔力，它仿佛是一把打开学员及客户家门的魔法钥匙。无论是学员还是选择服务的客户都和我们产生了超强链接。所以我们决定建立一个场馆，一个以展示及教授整理收纳为基础的场馆。我们以1：1形式在场馆内还原了多个家居空间，使来参加沙龙和课程的学员除了理论学习外还可以获得整理收纳实践的机会，场景化的操练会让知识更加具象立体，更容易被学员吸收。

整个场馆明确划分了衣帽间、厨房、餐厅、书房、办公等区域。大家可以在实操训练中一遍遍巩固自己的知识，现场十分热闹。至于厨房和餐厅，我们保留的理由很简单，因为中国人对这个区域是有感情的，哪怕是不爱做饭的年轻人，家里都会有它的位置。但厨房的使用者常常不止一位，并且厨房里面东西的品类多且繁杂，所以对于它的整理收纳往往是比较困难的，用这个空间做整理收纳示范很有现实意义和借鉴价值。

除了大体规划区域外，我们在设计这个场馆的时候也加入了许多小巧思。像衣帽间，抽屉的尺寸会不同：有些适合于运动服套装的存放，有些适合于长裤的叠放，有些暗格则是贴身衣物的好归处。与其让学员去记住一个尺寸数字，倒不如让大家动手去实践，感受不同空间的区别以及物品摆放的不同方式。不仅如此，下沉式的厨房与吧台设计，除了将开放式的家居概念完美融合外，还展现了"有露有藏"的整理收纳概念。如果你的新家想要同款装修，这里就可以作为你的参考模板，甚至可以一键"抄作业"。

传授整理收纳知识，提供实景展示操作机会，展示家居设计模板，我们将场馆变成了我们沙龙分享的重要教具，让每一场分享变成沉浸式体验，让整理生活更加立体可见。

建立场馆的初期，我们还链接到了泛家居行业的佼佼者和食品行业的供应商。在我们场馆，他们陈设的每一个物件都是可以购买的，大到衣橱、厨柜，小到润喉糖。我们还链接了非常优秀的教育传播者，不定期地开设油画、手作沙龙以及亲子养育、亲密关系等方面的课程。

因为有优秀设计师、柜体定制厂家、家电厂商等的加入，我们得以将各式生活家居服务串联起来，从前期的设计规划、中期的家具定制、后期的家电进门，以整理收纳做指南，将"装好一个家"的各个链条完美衔接，形成闭环，让客户来场馆后体验到一站式装修购物的便捷，节约了时间成本。

因为优秀教育传播者的加入，我们从传递有形的整理收纳技巧逐渐迭代为既传递无形的整理收纳美学知识，也传递无形的亲子关系优化范式，让来到沙龙的人不仅学到了改善自己家庭环境的知识和技能，更进一步完善了自己的家庭亲密关系。播种一粒种子到长出娇艳的花蕾，从来都是需要时间的，但我们愿意化作春风化作细雨般地默默培育，期待满地桃红。

过去的我是一名资深的家庭主妇，家庭是我证明价值最好的"职场"。但现在，留存道厦门集合空间是我的新阵地。这里可以让我肆意挥洒自己的整理智慧，也可以遇到很多同频且惺惺相惜的伙伴，我们一起探讨、一起分享，聆听各自家庭柴米油盐的事儿，也见证彼此把家过成了诗情画意的美好。

如果你也和我一样，没资源，没人脉，那么你可以从真心分享整理收纳理念的沙龙开始，为自己创造出一片天地，希望我的经历可以帮到正在迷茫的你。

晓可

留存道厦门分院城市副院长

IAPO 国际整理师协会厦门分会理事

资深空间管理师、资深整理收纳师

整理服务超 100 个家庭

后记

　　我从 2010 年开始深耕在整理行业一线，长达十余年的躬身入局，让我非常清楚不同时期业务的变化、市场的需求以及行业的发展，所以我知道整理行业的真正问题在哪里。第二章提到过空间改造、收费模式、收费计量方法、收费付款方式，并提出留存道哲学思想和整理收纳理念的方法论等。

　　很多年前，在收纳用品琳琅满目的时候，没有任何商家能因为收纳用品质量问题为整理师的服务结果负责，而各种良莠不齐的收纳用品的质量问题恰恰对整理服务的结果造成了相应的影响，所以我提出入局收纳用品研发与生产业务，把产品质量把控在自己手里，为客户提供更优质的服务及配套产品。

　　2015 年，随着全国业务量的增加，只靠当时的北京团队全国出差也满足不了市场的需求，所以增加了面向全国开展职业整理师培训的业务，以培养更多的行业人才。同样，这么多的人才涌入市场，如何做好管理和业务分配又成了新一轮要解决的问题。

　　2017 年，我们搭建了全国合伙人体系，以更好地整合资源，让更多的"游击队"整理师可以系统地、有规模地发展。总部提供开放的平台，平台有很好的学习氛围、成长氛围，让每位整理师在留存道平台都可以良性发展，共创未来。

如今，留存道已经成为一个品牌连锁平台，这个平台上也见证了行业内很多优秀品牌的崛起。与此同时，新的行业问题也出现了，比如行业没有标准，缺乏有公信力的开放式平台，每个品牌都需要做各种在线化运营及管理。从 2018 年至今，留存道已经探索出适合行业体系内的、完整的运营平台，有了这个平台，各个小而美的整理品牌不需要再耗费大量的人力、物力及财力重新跑通平台规则，因为做平台确实很"烧"钱。

经过多年的数据测试和运营，我们终于做出了另一款整合性的行业平台——整秀（整理师的秀场），将多年留存道平台运营的有效数据和方法演变成 SAAS 系统，各个整理收纳品牌可以根据自己的实际需求，在整秀平台订购所需的应用软件服务，并通过互联网获得我们提供的服务，避免行业内资源浪费的现象。未来，留存道也将成为整秀平台上一家普通的整理收纳公司，为维护行业平衡而做出贡献。

做好这些并不是一蹴而就的，而是通过创始人不断深耕一线，了解行业方向，理解整理业务，提出见解，制订合理化解决方案，打造行业生态，驱动业务决策方向等努力获得的。在这个过程中所链接的资源、共同做事的同仁都是互相依赖的共生关系，大家合体做一件件平凡而伟大的事业，这才是做好一家公司的正确路径。

卞栎淳

2023 年 2 月